NATURE SCOUT

Unser Sternenhimmel

- Entdecken und Experimentieren
- Mit vielen Tipps für Junior-Forscher!

Bärbel Oftring

Mit Illustrationen von Arno Kolb

moses.

AUF ENTDECKERTOUR

Sternenforscher im Einsatz

Abends, nachdem die Sonne untergegangen ist, leuchten am klaren Nachthimmel unzählige Sterne. Manche sind strahlend hell, andere kannst du nur mit einem Fernglas sehen. Doch hinter den funkelnden Himmelslichtern verbergen sich nicht nur Sterne, die unvorstellbar weit von uns entfernt im Weltall sind, sondern auch Planeten. Sie gehören zu unserem Sonnensystem und kreisen auf festen Umlaufbahnen um die Sonne. Auch den Mond, Satelliten oder die Internationale Raumstation ISS kannst du am Nachthimmel beobachten. Wenn du wissen willst, wie du nachts die Himmelsrichtungen Norden, Osten, Süden und Westen, Sterne von Planeten unterscheiden und künstliche Satelliten finden kannst – schlag einfach dieses Buch auf. Viele spannende nächtliche Entdeckungstouren warten auf dich – das ganze Jahr über! Viel Freude dabei!

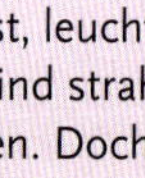

SCOUT TIPP!

Wenn im Text ein schwieriges Wort auftaucht, das du nicht kennst, schau im Glossar nach (Seite 94). Dort ist es erklärt.

Inhalt

Unser Sternenhimmel

Unser Sternenhimmel

Wir leben auf dem Planeten Erde. Er gehört zusammen mit anderen Planeten zu unserem Sonnensystem und umkreist die Sonne auf einer festen Bahn. Die Erde ist von einer Lufthülle umgeben, die Atmosphäre heißt. Wenn sich in der Atmosphäre Wolken bilden, kannst du nicht den Himmel sehen. Nur der wolkenlose Nachthimmel ermöglicht dir einen Blick ins Weltall mit seinen leuchtenden Sternen und hellen Planeten. Dann ist die beste Zeit für nächtliche Entdeckertouren.

SCOUT TIPP!

Weißt du, wie viel Sternlein stehen?

Zähle einmal die Sterne, die du am Nachthimmel sehen kannst. Ungefähr 3500 Sterne sind so hell, dass du sie mit bloßem Auge erkennen kannst – allerdings nur dort, wo es ganz dunkel ist. Es gibt aber noch sehr viel mehr Sterne im Weltall: Du kannst sie mit dem Fernglas oder mit dem Fernrohr in einer Sternwarte (siehe Seite 90) beobachten.

SCHON GEWUSST?

Sterne bei Tag

Auch tagsüber würdest du die Sterne am Himmel sehen, wenn es die Sonne nicht gäbe. Das Sonnenlicht ist nämlich so hell, dass es das Licht der Sterne überstrahlt. Manchmal steht der Mond am Taghimmel – vielleicht entdeckst du ihn. Ganz sicher siehst du tagsüber Sterne während einer Sonnenfinsternis (siehe Seite 82), die aber nur selten vorkommt!

Der Sternenhimmel in der Stadt und im Gebirge

Wenn du in einer Stadt wohnst und nachts an den wolkenlosen Himmel schaust, wirst du oft keine oder nur ganz wenige Sterne sehen. Das liegt daran, dass nachts bei uns die Straßenbeleuchtungen und die Lichter in den Fenstern und an Fahrzeugen angeschaltet sind. Schaust du zum Horizont, so liegt auch über fernen Städten und Dörfern ein heller Lichtkegel. Das künstliche Licht ist so hell und überstrahlt das Funkeln der Sterne und Planeten. Wo du dennoch in der Stadt Sterne beobachten kannst, erfährst du auf Seite 13.

Bist du hingegen am Meer oder im Gebirge, so funkeln plötzlich tausende von kleinen und großen Sternen am Himmel. Dann siehst du so viele Sterne, dass du kaum die einzelnen Sternbilder erkennen kannst. Das liegt daran, dass dort störende Straßen- und Stadtbeleuchtungen fehlen und die Lufthülle im Gebirge und am Meer klarer ist, weil sie nicht so viel Staub und Dreck von Heizungen, Industrieanlagen und Autoverkehr enthält.

Entfernungen im Weltall messen

Alles, was sich außerhalb der Erde und ihrer Lufthülle befindet, nennen wir Weltall oder Weltraum. Dort sind die Entfernungen so groß, dass wir sie uns nicht vorstellen können. Wenn du mit dem Auto in Urlaub fährst, legst du jede Stunde eine Strecke von ungefähr 100 Kilometern zurück. Ein Flugzeug fliegt in der Stunde rund 800 Kilometer weit. Astronomen – so heißen die Wissenschaftler, die sich mit dem Weltraum, den Sternen und Planeten beschäftigen – messen auf ähnliche Weise die Entfernungen im Weltall. Dort ist aber kein Auto oder Flugzeug unterwegs, sondern das Licht. Es ist so schnell und legt in der Sekunde fast 300.000 Kilometer zurück – ein Auto müsste für diese Strecke 125 Tage lang pausenlos fahren! In der Stunde legt das Licht 1.080.000.000 Kilometer zurück (das sind 1080 Millionen Kilometer!) und im Jahr rund 9.500.000.000.000 Kilometer – das sind 9,5 Billionen Kilometer. Astronomen nennen diese Entfernung ein Lichtjahr.

SCHON GEWUSST?

So weit sind diese Himmelskörper von uns entfernt

Im Weltall wird die Entfernung zwischen der Erde und den Himmelskörpern in Lichtjahren gemessen. So lange benötigt das Licht für den Weg vom Himmelskörper zu uns.

Mond	1,3 Lichtsekunden
Sonne	8 Lichtminuten
der nächste Stern	4 Lichtjahre

SCOUT TIPP!

Größen am Himmel messen

Deine Hand am ausgestreckten Arm ist ein gutes Hilfsmittel, um Größen am Abendhimmel zu messen. Mit dem Nagel deines Zeigefingers bedeckst du gerade die untergehende Sonne oder den Mond. Die flache Hand mit geschlossenen Fingern ist so breit wie der „Wagen“ im Großen Wagen (siehe Seite 16). Die flache Hand mit gespreizten Fingern hingegen ist so breit wie das Quadrat im Sternbild Pegasus (siehe Seite 34).

Tag und Nacht

Jeden Morgen geht die Sonne im Osten auf, abends geht sie im Westen unter. Im Lauf des Tages scheint sie über den Himmel zu ziehen. Doch in Wirklichkeit entstehen Tag und Nacht und der scheinbare Tageslauf der Sonne, weil sich die Erde um ihre eigene Achse dreht.

Einmal rundherum in 24 Stunden

Für eine Umdrehung um die Erdachse braucht die Erde 24 Stunden. Darum dauert bei uns ein Tag genau 24 Stunden. Auf der Erdhälfte, die der Sonne zugewandt ist, herrscht Tag, auf der von der Sonne abgewandten Seite hingegen Nacht. Tag und Nacht sind bei uns nur bei Frühlings- und Herbstanfang zwölf Stunden lang. Diese Tage um den 21. März und 22. September heißen auch Tag-und-Nacht-Gleiche. Im Sommerhalbjahr sind bei uns die Tage länger als zwölf Stunden, im Winterhalbjahr kürzer. Am Äquator hingegen dauern Tag und Nacht das ganze Jahr über immer zwölf Stunden.

SCHON GEWUSST?

Winter bei uns, Sommer in Australien

Wenn es bei uns im Winter kalt ist und schneit, haben die Menschen in Australien, Südamerika und Südafrika Sommer. Und wenn wir baden gehen, erleben die Menschen auf der Südhalbkugel die kälteste Jahreszeit. Nur am Äquator gibt es keine Jahreszeiten, sondern nur Regen- und Trockenzeiten.

Frühling, Sommer, Herbst und Winter

Die Erde dreht sich in einem Jahr einmal um die Sonne. Die Bahn, auf der sich die Erde bewegt, ist nicht rund, sondern ellipsenförmig wie ein abgeflachter Kreis. Die Jahreszeiten entstehen nun nicht, weil die Erde mal weiter von der Sonne entfernt und mal näher an der Sonne ist. Wenn bei uns Winter ist, befindet sich die Erde der Sonne sogar am nächsten. Die Jahreszeiten entstehen, weil die Erdachse schräg auf ihrer Umlaufbahn um die Sonne steht. Dadurch ist mal die Nordhalbkugel der Sonne zugeneigt, mal die Südhalbkugel. Auf der Erdhalbkugel, die der Sonne zugeneigt ist, herrscht Sommer, auf der anderen hingegen Winter.

SCHON GEWUSST?

Die Erde dreht sich mit einer Geschwindigkeit von rund 1600 Kilometern pro Stunde – und du merkst das gar nicht!

SCHON GEWUSST?

Warum ist der Himmel blau?

Sonnenlicht ist nicht blau. Das Licht der Sonne ist auch nicht weiß, sondern setzt sich aus den Farben des Regenbogens rot, orange, gelb, grün, blau, indigo und violett zusammen. Daher muss die blaue Farbe des Himmels oder die Farbe des Abendrots mit der Lufthülle unserer Erde zusammenhängen. Fällt das Sonnenlicht tagsüber senkrecht durch unsere Atmosphäre, so wird es in diese Farben gestreut. Weil das blaue Licht den kürzesten Weg zurücklegt, sieht der Himmel blau aus. Morgens und abends fällt das Licht hingegen schräg durch unsere Atmosphäre und legt dabei einen viel längeren Weg zurück. Dann ist der Himmel rot gefärbt, weil rotes Licht am kräftigsten gestreut wird.

Die Ausrüstung

Gut gerüstet auf Entdeckungstour

Um draußen Sterne zu gucken brauchst du nicht viel: Zieh dich warm an oder nimm warme Sachen mit, denn nachts ist es immer kühler als am Tag. Besonders im Winter, wenn die schönsten Sternbilder am Himmel stehen, musst du warme Kleidung und Schuhe tragen, am besten auch Handschuhe. Draußen zu sein, macht durstig: Pack etwas zu trinken (bei kaltem Wetter einen warmen Tee) und ein paar Kekse ein. Nimm auch noch ein Fernglas und eine Taschenlampe mit. Geh nicht allein, sondern mit einem Freund oder deinen Eltern. Sag ihnen vorher Bescheid, wohin du gehen willst.

SCOUT TIPP!

Blendschutz für die Taschenlampe

Im Dunkeln blendet das helle Licht der Taschenlampe. Davor kannst du dich schützen, wenn du das Frontglas mit rotem Nagellack überpinselst oder ein Stück roten Stoff oder Folie (Achtung, sie muss die Hitze der Lampe aushalten können) davor klebst.

SCOUT TIPP!

Richtig durchs Fernglas schauen

Wenn du den Abendhimmel mit dem Fernglas anschaust, ist das Bild ziemlich verwackelt. Damit du möglichst zitterfrei den Mond und die Planeten beobachten kannst, stütz am besten deine Ellbogen auf eine feste Unterlage auf. Das können die Fensterbank, die Balkonbrüstung oder im Sitzen deine angewinkelten Knie sein.

Den Sternenhimmel entdecken

Glutrot leuchtend und riesengroß nähert sich die Sonne am Abend dem Horizont, bevor sie langsam Stück für Stück untergeht. Der Mond wird am dunkelblauen Himmel immer deutlicher sichtbar, dann erkennst du die ersten Sterne – so oder so ähnlich beginnt eine wolkenlose Nacht, die dich zu deiner ersten Entdeckungstour am Sternenhimmel einlädt.

Der beste Beobachtungsplatz

Um die Sterne beobachten zu können, musst du einen dunklen Ort aufsuchen. Am besten wählst du dazu einen Platz, der dir einen freien Blick zum Himmel bietet – das kann ein kleiner Hügel in deiner Nähe oder sogar dein Balkon sein. Wichtig ist es, dass sich dort keine störende Straßenlampe oder andere Lichtquelle befindet. Beobachte selbst, wie viele Sterne plötzlich sichtbar werden, wenn du dich immer weiter von einer hellen Lichtquelle in die dunkle Nacht entfernst.

SCHON GEWUSST?

Die Himmelsrichtungen

Norden, Osten, Süden und Westen solltest du kennen. Dieser Merksatz hilft dir dabei: **N**iemals **o**hne **S**eife **w**aschen!

SCOUT-TIPP!

Sternegucken nach einem Ausflug

Wenn du einen Ausflug aufs Land gemacht hast und fern von großen Städten und Dörfern bist, kannst du den schönen Tag mit abendlichem Sternegucken abschließen. Bleib einfach so lange dort, bis es dunkel wird. Du wirst erstaunt sein, wie viel mehr Sterne du in Gegenden am Himmel findest, in denen es weniger Licht gibt.

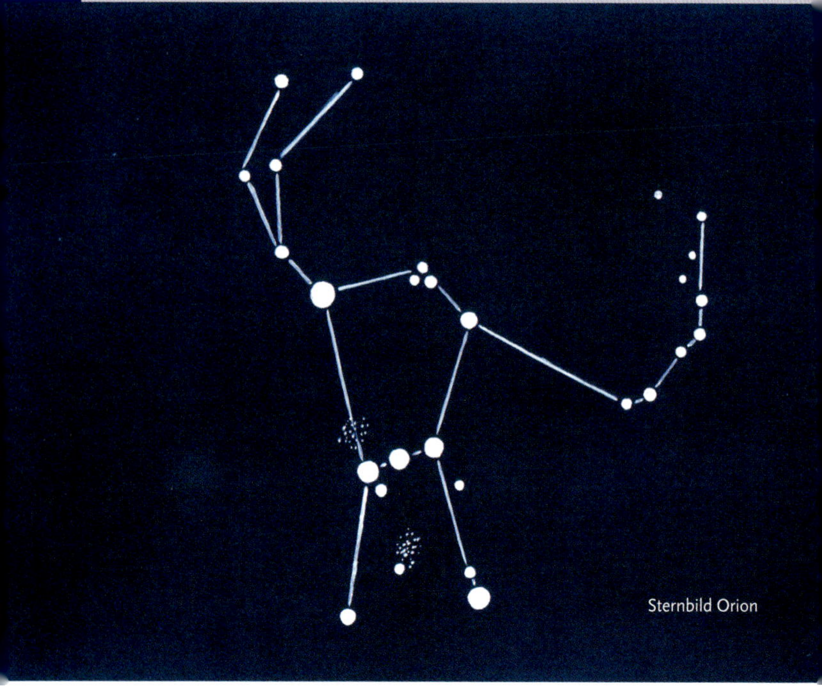

Sternbild Orion

Der Sternenhimmel in den Jahreszeiten

Wundere dich nicht, wenn du einen Stern oder ein Sternbild, das du am Winterhimmel entdeckt hast, im Sommer nicht mehr wieder findest. Nur einige wenige Sternbilder, wie etwa der Große Wagen, sind bei uns das ganze Jahr über zu sehen. Die meisten hingegen stehen nur einige Monate lang am Nachthimmel und können nur dann beobachtet werden (siehe ab Seite 29), so wie etwa das Sternbild Orion im Winter.

Wenn du ins Mittelmeergebiet reist, kannst du auch andere Sternbilder am Himmel sehen, die bei uns immer unter dem Horizont bleiben. Am Äquator oder gar auf der Südhalbkugel sieht der Sternenhimmel dann ganz anders aus. Dort kannst du zum Beispiel das Sternbild Kreuz des Südens entdecken.

Was ist ein Stern?

Vor deinen ersten nächtlichen Erkundungen solltest du wissen, was ein Stern ist. Unsere Sonne ist zum Beispiel ein Stern. Sie besteht wie alle Sterne aus gasförmigem Wasserstoff und Helium und leuchtet von selbst. Dadurch unterscheidet sie sich von den Planeten wie die Erde oder den Monden, die nicht selbst leuchten. Diese fallen nur deshalb am dunklen Nachthimmel auf, weil sie von der Sonne beleuchtet werden – so wie du einen Apfel oder Ball mit einer Taschenlampe im dunklen Zimmer beleuchten kannst.

SCOUT TIPP!

Die beste Zeit zum Sternegucken

Im Winter wird es früh dunkel. Dann kannst du schon ab etwa 18 Uhr Sterne beobachten. Im Sommer hingegen erscheinen die ersten Sterne oft erst nach 22 Uhr – dann bieten sich nächtliche Entdeckungstouren nur an den Wochenenden oder in den Ferienzeiten an. In Vollmondnächten kann der Mond deine Beobachtungen stören, denn dann überstrahlt sein helles Licht viele Sterne. Daher sind diese Nächte ungünstig zum Sternegucken – es sei denn, du willst den Mond beobachten (siehe Seite 46). Nimm dann unbedingt ein Fernglas mit!

SCHON GEWUSST?

Warum leuchten die Sterne?

Die Sonne und die Sterne erzeugen riesige Mengen an Licht und Wärme. In ihrem Innern ist es so heiß, dass die Gasteilchen heftig aneinander stoßen und miteinander reagieren. Wissenschaftler nennen das Kernfusion. Dabei entsteht aus Wasserstoff Helium und Energie wird frei. Sie wandert an die Oberfläche der Sterne und wird als Licht und Wärme abgestrahlt.

Der erste Blick zum Sternenhimmel

Vielleicht ist dir schon aufgefallen, dass der Sternenhimmel sich im Lauf der Nacht verändert. Wie die Sonne gehen auch die Sterne und Sternbilder im Osten auf und im Westen unter. Und wie die Sonne bewegen sie sich scheinbar am Himmel – in Wirklichkeit verändern sie nur deshalb ihre Position am Nachthimmel, weil sich die Erde um ihre eigene Achse dreht. Es gibt aber auch ein paar Sternbilder, die nicht im Osten auf- und im Westen untergehen, sondern das ganze Jahr über zu sehen sind. Dazu gehört etwa der Große Wagen. Ihn musst du kennen, wenn du dich am Sternenhimmel orientieren willst.

Der Große Wagen

Der Große Wagen gehört zum Sternbild Großer Bär. Er ist bei uns das ganze Jahr über sichtbar und kann ganz leicht am Nordhimmel entdeckt werden. Um Norden ohne die Hilfe des Polarsterns zu finden, musst du dir merken, wo die Sonne untergegangen ist. Dort ist Westen. Dreh dich nun so hin, dass deine linke Hand nach Westen zeigt. Dann schaust du nach Norden, Süden liegt hinter deinem Rücken und Osten an deiner rechten Körperseite. Leg deinen Kopf etwas in den Nacken, so dass du die Sterne über dir siehst. Dort entdeckst du ein Viereck aus vier hellen Sternen – das ist der Wagenkasten –, an dem drei Sterne eine etwas gebogene Wagendeichsel bilden.

SCOUT TIPP!

Siehst du auch wirklich gut?

Wie gut deine Augen sind, kannst du am Großen Wagen testen. Schau dir den mittleren Stern in der Wagendeichsel mit bloßen Augen an. Wenn du dort zwei Sterne siehst, die ganz nah beieinander stehen, sind deine Augen klasse. Der mittlere Deichselstern ist nämlich einer der bekanntesten Doppelsterne Mizar und Alkor. Alkor heißt auf Deutsch Reiterlein, weil dieser lichtschwächere Stern auf dem Deichselstern Mizar „reitet". In Wirklichkeit sind die Sterne nicht so nah, wie sie erscheinen. Sie stehen tatsächlich sehr weit entfernt voneinander. Schau dir die Doppelsterne auch mit dem Fernglas an.

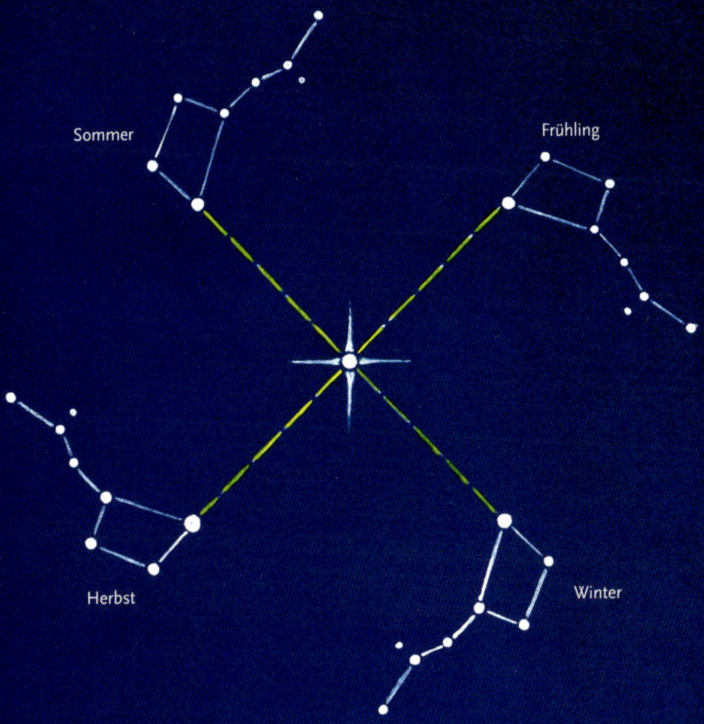

SCOUT TIPP!

Den Großen Wagen entdecken

Die Sterne und Sternbilder, die du bei uns das ganze Jahr beobachten kannst, heißen zirkumpolar. Sie drehen sich in 24 Stunden einmal um den Polarstern. In jeder Jahreszeit steht der Große Wagen anders am abendlichen Nachthimmel. Im Frühjahr kannst du ihn besonders hoch am Himmel entdecken, dafür hängt er aber kopfüber. Im Herbst steht der Große Wagen „richtig“ herum, befindet sich dann aber in der Nähe des Horizonts und kann von großen Gebäuden oder Bäumen teilweise verdeckt sein.

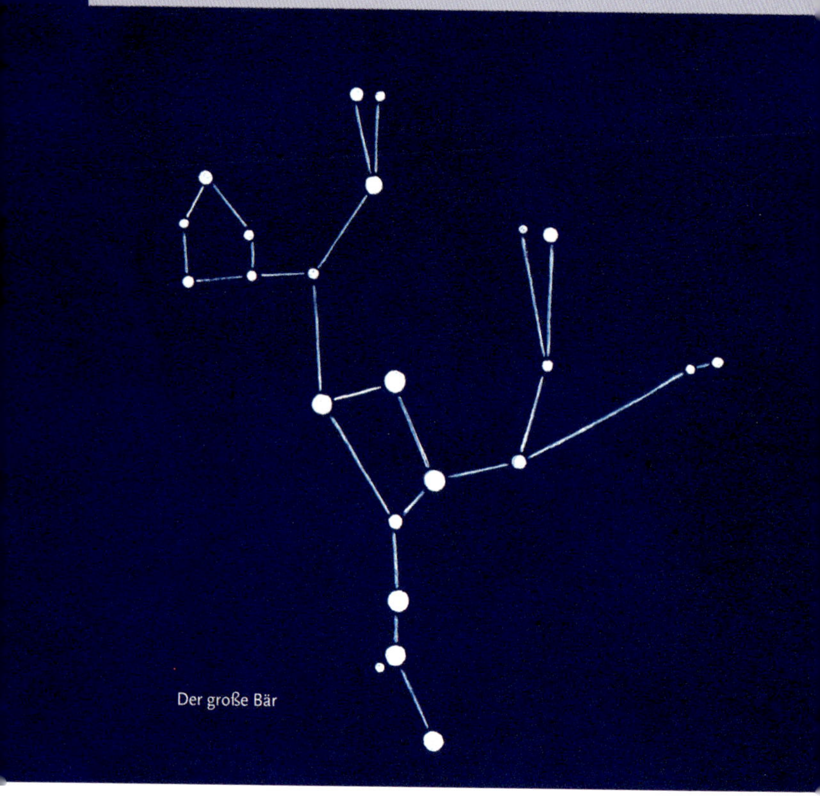

Der große Bär

SCHON GEWUSST?

Die Geschichte des Großen Bären

Der Große Wagen ist nur ein Teil des riesigen Sternbildes Großer Bär. Der Wagenkasten bildet den Rücken des Bären, die Wagendeichsel den Schwanz. Der Bärenkopf befindet sich auf der dem Schwanz gegenüber liegenden Seite des Kastens, die Beine ragen nach unten. Die Legende vom Großen Bär ist sehr alt. Sie stammt aus der griechischen Götterwelt der Antike: Der griechische Göttervater Zeus liebte Kallisto. Deshalb war Hera, die Frau von Zeus, wütend auf Kallisto und verwandelte sie in eine Bärin.

Die Milchstraße

Um die Milchstraße zu sehen, musst du an einen wirklich dunklen Ort ohne störende Lichtquellen, ins Gebirge oder ans Meer gehen. Im Sommer ist es auch dort erst gegen Mitternacht dunkel genug, um sie zu sehen. Kein Mond darf am Himmel stehen. Der Anblick der Milchstraße ist aber überwältigend: Mit bloßem Auge wirkt sie wie eine helle Wolke, die sich quer über den ganzen Himmel zieht.

SCOUT TIPP!

Milliarden Sterne

Schau dir die Milchstraße unbedingt mit einem Fernglas an – nur so erkennst du, dass das milchig helle Band aus unzähligen Sternen besteht.

Scout-Tipp!

Im Sommer und Winter verläuft die Milchstraße von Nord nach Süd am Himmel. Der Teil der Milchstraße, den du im Sommer beobachten kannst, ist aber viel heller als der Teil, den du im Winter siehst. Im Herbst breitet sich die Milchstraße von Ost nach West aus. Im Frühjahr hingegen steht sie so tief am Horizont, dass ihr milchiges Licht meist vom Dunst verschluckt wird.

Was ist die Milchstraße?

Die Milchstraße ist eine riesige Galaxie, die aus rund 200 Milliarden Sternen besteht. Auch unsere Sonne gehört dazu. Die Milchstraße sieht wie eine übergroße Diskusscheibe aus: Um das kugelförmige Zentrum winden sich flache Spiralarme. Unsere Sonne befindet sich am äußeren Rand eines solchen Spiralarmes. Im Sommer schauen wir zum Zentrum der Milchstraße, darum ist sie dann am hellsten. Im Winter hingegen blicken wir vom Zentrum der Milchstraße weg und sehen nur die Randbezirke unserer Galaxie – darum ist sie dann nicht so hell.

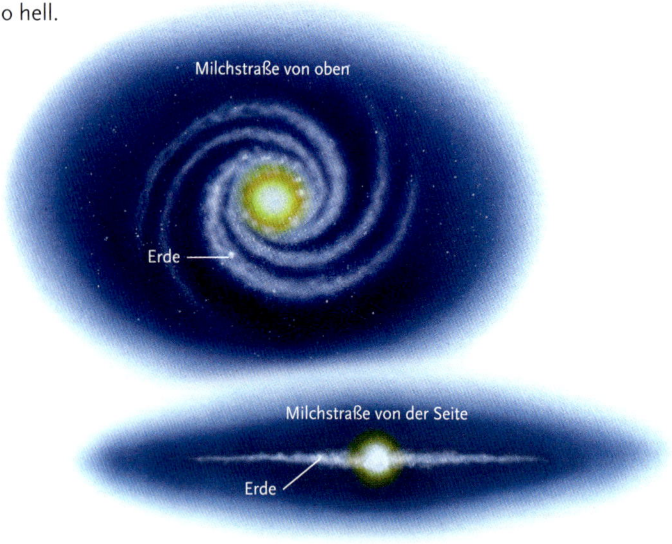

Wie die Milchstraße zu ihrem Namen kam

Ihren Namen verdankt die Milchstraße den antiken Griechen, die sie so wegen ihres milchigen Aussehens nannten. In der griechischen Götterwelt gibt es auch eine Legende, wie die Milchstraße entstand: Der Göttervater Zeus legte seinen unehelichen Sohn Herkules an die Brust seiner schlafenden Gemahlin Hera, damit dieser Milch trinken konnte. Dabei schrak Hera aus dem Schlaf auf und stieß Herkules so heftig von sich, dass die Milch aus ihrer Brust über den ganzen Himmel spritzte.

SCHON GEWUSST?

Milchstraßen-Rekorde

Die Milchstraße ist eine so riesigroße Galaxie, dass das Licht 100.000 Jahre von einem Ende zum anderen benötigt. Sie ist aber nur 3000 Lichtjahre hoch. Die Spiralarme drehen sich mit einer Geschwindigkeit von 800.000 Stundenkilometern um das Zentrum der Milchstraße – so schnell rast auch die Sonne mit der Erde und uns Menschen durchs Weltall. Dennoch braucht unsere Heimatgalaxie rund 220 Millionen Jahren für eine Umdrehung – vor 220 Millionen Jahren gab es die ersten Dinosaurier auf der Erde.

Noch mehr Galaxien

Die Milchstraße ist nicht die einzige Galaxie, die es im Weltall gibt. Einige wenige kannst du mit bloßem Auge oder einem Fernglas sehen, so zum Beispiel die Andromeda-Galaxie (siehe Seite 87). Die meisten Galaxien sind aber nur in einem Teleskop sichtbar, etwa bei einem Besuch einer Sternwarte. Vielleicht kannst du jetzt erahnen, wie unvorstellbar groß das Weltall ist.

Wo ist Norden?

Tagsüber kannst du leicht herausfinden, wo Norden ist. Dort, wo mittags die Sonne am höchsten steht, ist Süden. Drehst du dich um, sodass du die Sonne im Rücken hast, blickst du gen Norden. Doch wie findest du ohne Kompass den Norden, wenn die Sonne schon längst untergegangen ist?

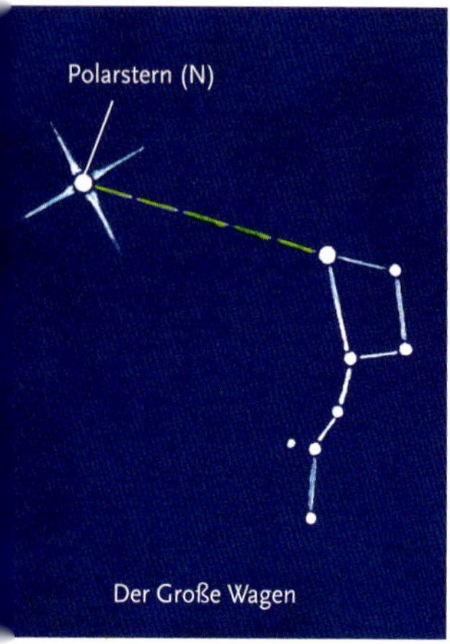

Norden finden mit dem Polarstern

Genau im Norden steht der Polarstern. Um ihn in der sternenklaren Nacht zu finden, brauchst du den Großen Wagen. Den kennst du schon. Suche zunächst die Wagendeichsel des Großen Wagens. Blicke nun auf die andere Seite des Kastens und denk dir eine Linie zwischen diesen beiden hinteren Kastensternen. Diese gedachte Linie verlängerst du fünfmal – dort triffst auf einen mittelhellen Stern. Er steht ziemlich allein, weil er in einer sternenarmen Gegend steht: Das ist der Polarstern. Wenn du nun vom Polarstern senkrecht eine Linie zum Horizont ziehst, hast du Norden gefunden.

Der Polarstern steht still

Der Polarstern ist der einzige Stern am Himmel, der sich praktisch nicht vom Fleck bewegt. Zu jeder Tageszeit steht er das ganze Jahr über an derselben Stelle. Wenn du dir an deinem Lieblingsbeobachtungsort seine Position am Himmel merkst – etwa, weil dort ein Kirchturm in den Himmel ragt –, weißt du jeden Abend sofort, wo Norden ist. Mithilfe des Polarsterns findest du auch ganz leicht die anderen Himmelsrichtungen: Wenn du zum Polarstern schaust, liegt Süden hinter dir, Osten rechts und Westen links von dir.

Im Herbst Norden finden

Im Herbst kannst du nicht immer den Großen Wagen finden. Dann steht er recht nah am Horizont, sodass ihn manchmal höhere Bäume oder Häuser verdecken. Das ist kein Problem. Dann suchst du Norden einfach mithilfe des Sternbilds Kassiopeia (siehe Seite 25). Wenn der Große Wagen nämlich tief am Himmel steht, kannst du Kassiopeia hoch oben entdecken. Umgekehrt befindet sich Kassiopeia nah am Horizont, wenn der Große Wagen hoch steht. Wenn Kassiopeia im Herbst hoch am Himmel steht, sieht sie wie ein großes M aus. Die mittlere Spitze vom M weist in Richtung Polarstern. Um diesen zu finden, wandert dein Blick von dieser mittleren Spitze aus drei Handbreit in Richtung Polarstern.

Der Kleine Bär

Der Polarstern gehört zum Sternbild Kleiner Bär. Weil seine Sterne wie ein Wagen aussehen, heißt das Sternbild auch Kleiner Wagen. Dieses Sternbild ist das ganze Jahr über zu sehen. Weil die Sterne aber nicht besonders hell sind, fällt es kaum auf. Der hinterste Deichselstern ist der Polarstern.

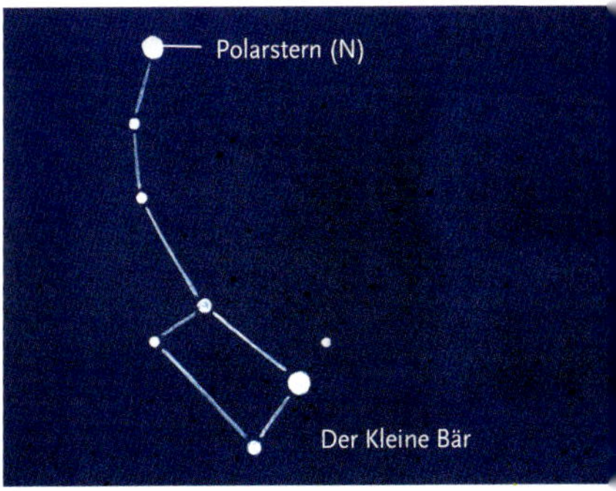

SCHON GEWUSST?

So kam der Kleine Bär zu seinem Namen

Auch der Kleine Bär verdankt seinen Namen der griechischen Götterwelt. Dieses Sternbild stellt nämlich Arkas dar, der Sohn von Zeus und seiner Geliebten Kallisto. Du erinnerst dich: Kallisto wurden von Hera, Zeus' Frau, in eine Bärin verwandelt. Damit nun Kallisto, die als Großer Bär am Himmel steht, nicht versehentlich von ihrem Sohn Arkas gejagt wird, verwandelte Zeus ihn in einen Kleinen Bären. So stehen nun Mutter und Sohn nah beieinander am Sternenhimmel.

Scout-Tipp!

Alles dreht sich um den Polarstern

Alle Sterne außer dem Polarstern wandern ständig über den Himmel. Beobachte einen hellen Stern, der über einem Hausdach steht. Schaust du zwei Stunden später nach diesem Stern, so hat er deutlich seine Position verändert. Da sich die Erde in 24 Stunden einmal um sich selbst dreht, kreisen auch die Sterne im Lauf von 24 Stunden einmal um den Polarstern. Mit einer Fotokamera, deren Objektiv einige Stunden lang geöffnet ist, kannst du diese Kreisbewegung der Sterne auf einem Foto aufnehmen. Das sieht so aus:

Sternbilder fürs ganze Jahr

Nicht nur der Große Bär mit dem Großen Wagen und der Kleine Bär mit dem Polarstern stehen das ganze Jahr am Himmel, sondern noch einige andere Sternbilder. Weil du sie in jeder sternenklaren Nacht siehst, kannst du dir diese zirkumpolaren Sternbilder leicht einprägen. Benutze sie auch, wenn du dich am Himmel orientieren willst.

Kassiopeia – das Himmels-W

Hoch am Himmel steht das Sternbild Kassiopeia. Im Herbst und Winter sehen die fünf hellsten Sterne wie ein riesiges M aus, im Frühling und Sommer bilden sie den Buchstaben W. Beobachtest du dieses Sternbild von einem wirklich dunklen Ort aus, erkennst du, dass die Milchstraße mitten hindurch läuft. Im Fernglas fallen dir viele Sternhaufen in der Umgebung der fünf hellsten Kassiopeia-Sterne auf.

SCOUT TIPP!

Die mittlere Spitze des von Kassiopeia gebildeten Buchstaben M oder W zeigt stets zum Polarstern.

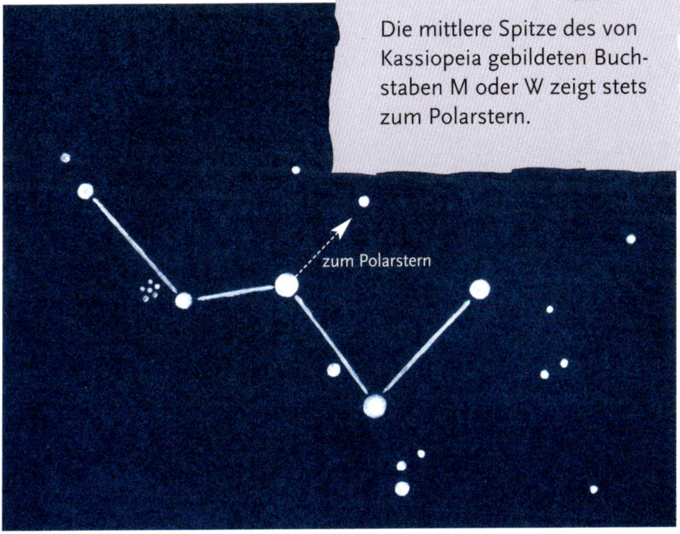

SCHON GEWUSST?

So kam Kassiopeia zu ihrem Namen

In einer griechischen Sage war Kassiopeia die Königin von Äthiopien. Mit ihrem Gemahl König Kepheus hatte sie eine reizende Tochter Andromeda. Die Königin Kassiopeia war wunderschön, aber auch sehr hochmütig. Eifersüchtig beäugte sie die jungen bildhübschen Töchter des Meeresgottes Nereus. Schließlich behauptete sie, dass sie sogar schöner als Nereus' Töchter sei. Das machte den höchsten Gott der Meere, Poseidon, wütend. Er tobte zornig umher und löste so eine riesige Flutwelle aus, die zu allem Unglück ein Meeresungeheuer weckte. Um dieses zu besänftigen, sollten Kassiopeia und Kepheus dem Ungeheuer ihre Tochter Andromeda opfern. Zum Glück kam gerade noch rechtzeitig Perseus, der Held, vorbei: Er kämpfte siegreich gegen das Ungeheuer und nahm schließlich Andromeda zur Frau. Kassiopeia aber, die mit ihrem Hochmut die ganze Geschichte ausgelöst hatte, wurde an den Himmel verbannt. Dort muss sie als zirkumpolares Sternbild das halbe Jahr kopfüber hängen.

Kepheus, Andromeda und Perseus

Auch die anderen Figuren aus dieser griechischen Sage findest du als Sternbild in der Nähe des Polarsterns. Während Perseus und das recht unscheinbare Sternbild Kepheus (das wie ein Haus mit Dach ausschaut) mit nur einem einzigen etwas helleren Stern bei uns das ganze Jahr über zu sehen sind, kannst du Andromeda (siehe Seite 35) am besten im Herbst beobachten.

Das Sternbild Perseus ist so groß, dass du es nicht mit deiner Handfläche abdecken kannst. Wenn Perseus im Herbst und Winter seine höchste Position am Himmel erreicht hat, steht das Y – wie in der Zeichnung oben rechts – auf dem Kopf. Im Frühling und Sommer kannst du nur einen Teil dieses Sternbildes sehen.

SCOUT TIPP!

So findest du das Sternbild Perseus

Das Sternbild Perseus sieht wie ein schiefes Y aus. In den nicht besonders hellen Sternen kannst du auch eine Giraffe sehen: Die beiden kurzen Schenkel des Y sind je ein Vorder- und Hinterbein, der lange Y-Schenkel ist der Giraffenkopf.

SCHON GEWUSST?

Die Geschichte von Perseus, dem Helden

Die Rettung von Andromeda war nicht die einzige Heldengeschichte von Perseus, dem Sohn des griechischen Göttervaters Zeus. Zuvor hatte er schon die Medusa überlistet. Die Medusa war ein schreckliches Wesen. Sie trug statt Haare unzählige Schlangenköpfe auf ihrem Kopf. Jedes Wesen, das Medusa direkt ansah, erstarrte zu Stein. Deshalb traute sich niemand in ihre Nähe, außer Perseus. Er nahm ein poliertes Schild mit, in dem er das Spiegelbild der Medusa sah. So brauchte er sie nicht direkt mit seinen Augen anschauen, konnte sie aber dennoch sehen. Im Schlaf schlug er Medusa den Kopf ab. Sein Sternbild trägt den abgeschlagenen Kopf der Medusa in der Hand.

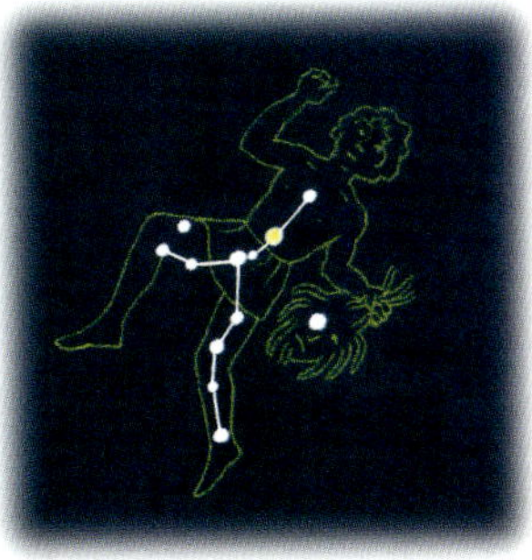

SCHON GEWUSST?

Der größte Stern im Weltall

Zum unscheinbaren Sternbild Kepheus gehört einer der größten Sterne des ganzen Weltalls: Es ist der Stern Mü, den du gerade noch mit bloßem Auge erkennen kannst. Mü ist 2400-mal so groß wie unsere Sonne! Wäre unsere Sonne so groß wie dieser Riesenstern, würde ihr Gaskörper bis zur Umlaufbahn von Uranus reichen. Die Erde, aber auch andere Planeten wie Merkurs, Venus, Mars, Jupiter und Saturn gäbe es nicht, denn sie befänden sich innerhalb dieser Riesensonne. Mü, der wegen seiner tiefroten Farbe auch Granatstern genannt wird, ist 5000 Lichtjahre von uns entfernt. Darum leuchtet er nur so schwach.

Der Drache

Die nicht besonders hellen Sterne des Sternbildes Drache schlängeln sich in einem großen S um den Kleinen und Großen Bär. Sein Schwanz befindet sich zwischen diesen beiden Sternbildern, sein markanter trapezförmiger Kopf am anderen Ende des Riesen-S. Am besten siehst du den Drachen im Frühling und Sommer.

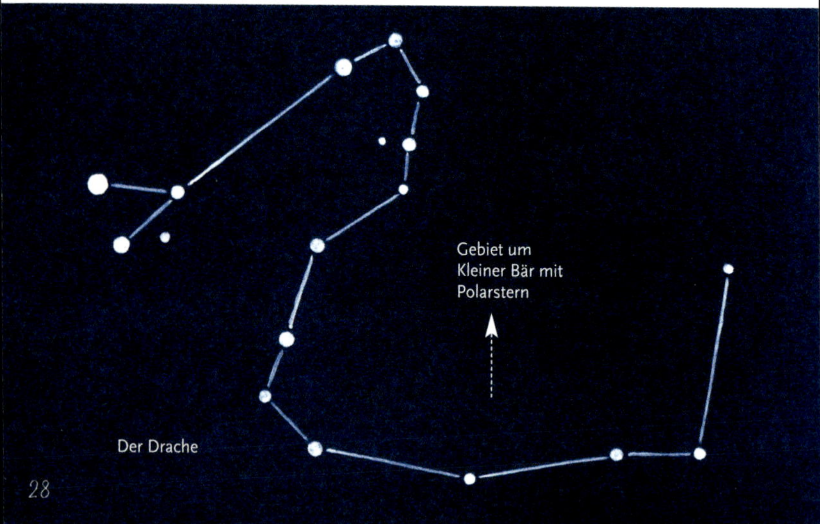

Der Abendhimmel im Frühling

Nicht nur während einer Nacht, sondern während des ganzen Jahres verändert sich ständig der Sternenhimmel. Weil die Erde im Lauf eines Jahres einmal um die Sonne kreist, kannst du in jeder Jahreszeit andere Sterne und Sternbilder am Himmel beobachten. Innerhalb von drei Monaten verändert sich der Sternenhimmel grundlegend: Sternbilder, die im Osten standen, stehen nun im Süden, jene vom Süden stehen nun im Westen und die im Westen standen, sind untergegangen. So findest du in jeder Jahreszeit typische Sternbilder am Himmel.

Am auffälligsten: der Große Wagen

Das auffälligste Sternbild im Frühling ist der Große Wagen hoch oben am Abendhimmel. Obwohl er kopfüber hängt, kannst du ihn leicht finden.

Das Frühlingsdreieck

Schaust du nach Süden fallen dir bestimmt drei sehr helle Sterne auf, die ein Dreieck bilden. Das sind Arktur, Regulus und Spika. Sie bilden das sogenannte Frühlingsdreieck. Arktur ist der hellste dieser drei Sterne. Du findest ihn, wenn du die drei Deichselsterne im Großen Wagen verlängerst. Fast auf gleicher Höhe wie Arktur steht Regulus – er ist der hellste Stern im Sternbild des Löwen, der zum Tierkreis gehört. Etwa zwei Handbreit unterhalb von Arktur findest du Spika, den hellsten Stern im Tierkreis-Sternbild Jungfrau.

SCHON GEWUSST?

Jungfrau-Rekorde

Das Sternbild Jungfrau ist rekordverdächtig. Es ist das zweitgrößte Sternbild am Himmel. Spika, der hellste Stern, leuchtet 2300-mal heller als unsere Sonne. Sein Licht ist rund 275 Jahre unterwegs, bis es auf der Erde ankommt. In einer Sternwarte zeigt dir der Blick durch ein Teleskop die vielen fernen Galaxien, die sich in diesem Sternbild befinden. Sie alle gehören nicht zu unserer Milchstraße und sind unvorstellbar weit von uns entfernt!

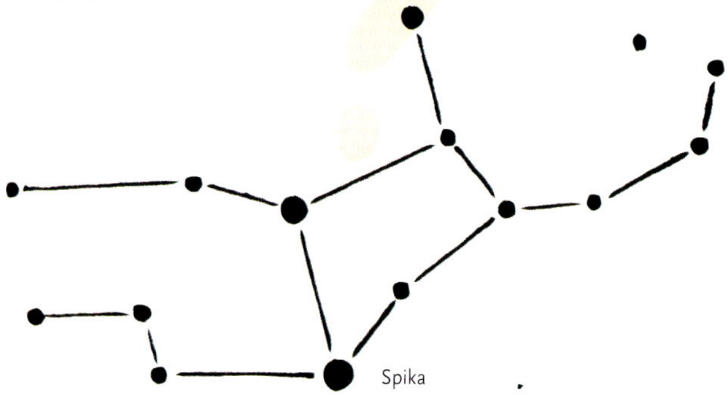

SCOUT TIPP!

Tierkreis-Sternbilder im Frühling

Diese Sternbilder aus dem Tierkreis (siehe Seite 39) kannst du im Frühling entdecken: Löwe, Jungfrau, Waage.

Die Wasserschlange

Schaust du an einem Frühlingsabend nach Süden, fällt dir meist nur der hellste Stern der Wasserschlange auf. Er heißt Alphard und bildet das Herz der Schlange. Ihren Kopf, den du von Januar bis Mai beobachten kannst, bilden mittelmäßig helle Sterne. Nur im April und Mai kannst du die ganze Wasserschlange am Abendhimmel sehen. In den anderen Monaten befindet sich immer ein Teil dieser langen Sternenkette unterhalb des Horizonts.

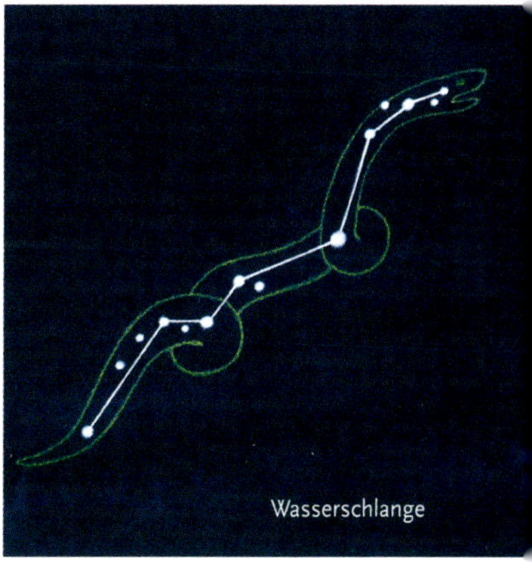

Wasserschlange

SCHON GEWUSST?

Das größte Sternbild am Himmel

Die Wasserschlange ist das größte und längste Sternbild, das es gibt. Da sie nur aus nicht besonders hellen Sternen besteht, ist sie dir bestimmt noch nicht aufgefallen. Die Wasserschlange Hydra besitzt in der Sagenwelt viele Köpfe. Nach einem langen Kampf wurde sie von Herkules erschlagen.

Herkules, der Held

Das Sternbild Herkules steht im Frühsommer am Abendhimmel, wenn du nach Süden schaust. In der Sagenwelt war er ein ebenso großer Held wie Perseus. Er löste zwölf unlösbare Aufgaben und überwältigte im Kampf manche Wesen, die als Sternbilder in seiner Nähe stehen. Dazu gehören neben der Wasserschlange, der Löwe, der Drache und der Krebs.

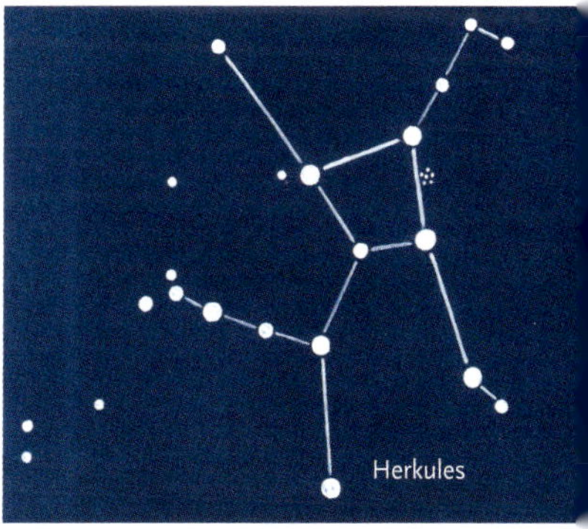

Herkules

Der Abendhimmel im Sommer

Im Sommer sinkt die Sonne erst spät am Abend hinter den Horizont. Manchmal leuchten dann schon einige helle Sterne am Himmel auf, obwohl es noch hell ist. Das sind keine Sterne, sondern einer der Planeten Venus, Jupiter oder Saturn. Sterne siehst du im Sommer erst nach 22 Uhr und später.

Das Sommerdreieck

Auch im Sommer gibt es wie im Frühling drei auffallend helle Sterne, die ein deutliches Dreieck bilden. Wega ist der hellste der drei Sterne. Er steht hoch am Himmel und gehört zum Sternbild der Leier. Links oberhalb von der Wega findest du den zweiten hellen Sommerstern: Deneb im Sternbild Schwan. Der dritte im Bund steht am tiefsten: Drei Handbreit unterhalb von Wega und Deneb kannst du Atair im Sternbild Adler entdecken. In diesem Sternbild kannst du gut die Form eines Adlers erkennen.

SCHON GEWUSST?

Die Geschichte der Leier und des Schwans

Das Sternbild Leier ist recht klein, doch wegen seiner markanten Rautenform fällt es auf. Eine griechische Sage erzählt ihre Geschichte: Orpheus hatte seine hübsche Frau Eurydike verloren, weil sie von einer giftigen Schlange gebissen wurde. Um sie zu retten begab er sich mit der Leier, einem alten Saiteninstrument, zu Hades, dem Herrscher der Unterwelt. Er spielte herzzerreißende Lieder, die Hades zu Tränen rührten. Daraufhin durfte Eurydike das Reich der Toten verlassen. Hades stellte nur eine Bedingung: Orpheus durfte sich nicht umdrehen, während er seine noch unsichtbare Frau aus der Unterwelt herausführte. Da Orpheus auf dem langen Weg aber immer mehr Zweifel kamen, ob ihm tatsächlich seine Frau folgte, drehte er sich doch um. Sofort fuhr Eurydike in die Unterwelt zurück und Orpheus hatte alles verloren. Nach seinem Tod bekam die Leier einen Platz als Sternbild am Himmel. In einer griechischen Sage stellt das Sternbild Schwan Orpheus dar, in der bekanntesten hingegen verwandelte sich der Göttervater Zeus in einen Schwan, um eine Königin zu verführen.

Tief am Horizont

Gehst du mit deinen Augen vom Adler runter zum Horizont, kannst du die beiden schönen Sternbilder Schütze und Skorpion aus dem Tierkreis entdecken. Weil sie nie besonders hoch am Himmel stehen, verschwinden sie leider oft im Licht und Dunst. Möchtest du sie ganz sehen, musst du im Sommer ans Mittelmeer fahren – dort zeigen sie sich in ihrer ganzen Pracht am Abendhimmel.

SCOUT TIPP!

Tierkreis-Sternbilder im Sommer

Diese Sternbilder aus dem Tierkreis (siehe Seite 39) kannst du im Sommer entdecken: Skorpion, Schlangenträger, Schütze, Steinbock.

Der Abendhimmel im Herbst

Im Herbst werden die Tage kürzer, sodass du jeden Abend früher mit deiner Entdeckungstour am Sternenhimmel beginnen kannst. Schaust du abends nach Süden, fällt dir sicher ein großes Quadrat aus hellen Sternen auf. Das ist das Herbstviereck. Alle vier Sterne an dessen Ecken gehören zum Sternbild Pegasus. Schaust du von diesem Viereck nach links oben, entdeckst du das Sternbild Andromeda. Weil diese beiden Sternbilder zusammen so ähnlich aussehen wie der Große Wagen, aber sehr viel größer sind, werden sie manchmal der „Riesenwagen" genannt.

Pegasus, das geflügelte Pferd

Pegasus ist das berühmte geflügelte Pferd. Das Sternbild hängt kopfüber am Himmel. Das Viereck stellt den Vorderkörper des Pferdes dar, die Sternenkette rechts unten sind Hals und Kopf. In der griechischen Sagenwelt entstand Pegasus aus dem Blut der Medusa. Nachdem der Held Perseus die Medusa erfolgreich besiegt und ihren Kopf mit den vielen Schlangenköpfen abgeschlagen hatte, entsprang Pegasus ihrem Körper. Sofort setzte sich Perseus auf das geflügelte Pferd und ritt mit ihm davon, um gerade noch rechtzeitig die unschuldige Andromeda vor ihrem Opfertod zu retten.

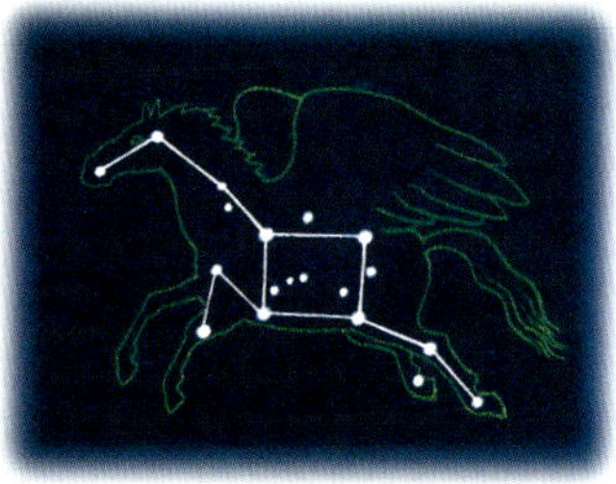

SCOUT TIPP!

Tierkreis-Sternbilder im Herbst

Diese Sternbilder aus dem Tierkreis (siehe Seite 39) kannst du im Herbst entdecken: Wassermann, Fische, Widder.

SCOUT TIPP!

Frühlingsanfang

Mithilfe von Pegasus kannst du einen Punkt am Himmel entdecken, der für uns Menschen sehr wichtig ist: der Frühlingspunkt im Sternbild Fisch. Dazu musst du mit deinen Augen vom linken unteren Eckstern des Pegasus-Vierecks eine Handbreit nach unten gehen. Du siehst dort nichts? Das ist richtig! Dort befindet sich kein Stern, aber für unsere Kalenderberechnung ist dieser Punkt wichtig. Wenn im Frühjahr die Sonne genau an dieser Stelle steht, ist Frühlingsanfang. Das ist um den 21. März herum.

SCHON GEWUSST?

Das weiteste Objekt, das du mit bloßem Auge sehen kannst

Im Sternbild Andromeda befindet sich die berühmte Andromeda-Galaxie (siehe Seite 87). In einer klaren Nacht kannst du sie gerade noch mit dem bloßen Auge erkennen. Sie sieht wie ein nebeliger Fleck aus. Diese Galaxie ist das am weitesten entfernte Objekt, dass du mit bloßem Auge sehen kannst: Ihr Licht war 2,7 Millionen Jahre unterwegs, bevor es dein Auge erreicht.

Der Abendhimmel im Winter

Der abendliche Winterhimmel bietet ein wahres Sternenmeer: So viele helle Sterne wie in diesen Monaten siehst du zu keiner anderen Jahreszeit. Zum Glück für Sternengucker geht die Sonne früh unter und du kannst schon ab 18 Uhr auf Entdeckungstour gehen – und das an jedem Abend mit sternenklarem Himmel.

Sternenmeer am Südhimmel

Das auffälligste unter den vielen auffälligen Sternbildern beim abendlichen Blick nach Süden ist Orion. Links oberhalb von diesem Sternbild steht das Sternbild Zwillinge mit den beiden etwa gleich hellen Sternen Kastor und Pollux. Rechts oberhalb von Orion (siehe Seite 14) siehst du das Sternbild Stier mit dem rötlich leuchtenden Aldebaran als hellsten Stern. Ganz oben am Himmel, wenn du deinen Kopf in den Nacken legst, kannst du das Sternbild Fuhrmann entdecken. Nun schaust du dir den Himmel links vom Sternbild Orion an: Dort findest du noch zwei helle Sterne. Der halbhoch stehende Stern heißt Prokyon und gehört zum Sternbild Kleiner Hund. Knapp über dem Horizont schließlich findest du den strahlenden Sirius, der zum Sternbild Großer Hund gehört.

Der hellste Stern am ganzen Himmel

Sirius ist der hellste Stern, den es am Himmel gibt. Er wird auch Hundsstern genannt. Schon die Menschen im Alten Ägypten vor über 5000 Jahren kannten das Sternbild Großer Hund mit Sirius. Wenn Sirius im ägyptischen Sommer zum ersten Mal am Morgenhimmel auftauchte, wussten die Menschen, dass bald der Nil Hochwasser haben würde. Das war wichtig für die damaligen Bauern, denn durch das Nilhochwasser wurden die umliegenden Felder gedüngt und konnten im darauffolgenden Jahr reiche Ernten bringen. Weil mit dem Aufgang des Sirius auch die größte Sommerhitze in Ägypten begann, nannten sie diese Zeit auch „Hundstage".

Großer Hund

SCHON GEWUSST?

Die Geschichte von Orion

Die drei eng beieinander stehenden Sterne in der Mitte des Sternbildes stellen den Gürtel Orions dar. Orion war in der griechischen Sagenwelt ein großer Jäger. Er verkündete, dass er alle Tiere töten würde. Darauf sandte die wütende Erdgöttin Gäa einen Skorpion zu ihm, der Orion mit seinem giftigen Stachel tötete. Seitdem befinden sich die beiden an gegenüber liegenden Stellen am Himmel, damit sie sich nicht mehr begegnen: Wenn das Sternbild Orion im Osten aufgeht, geht das Sternbild Skorpion im Westen unter.

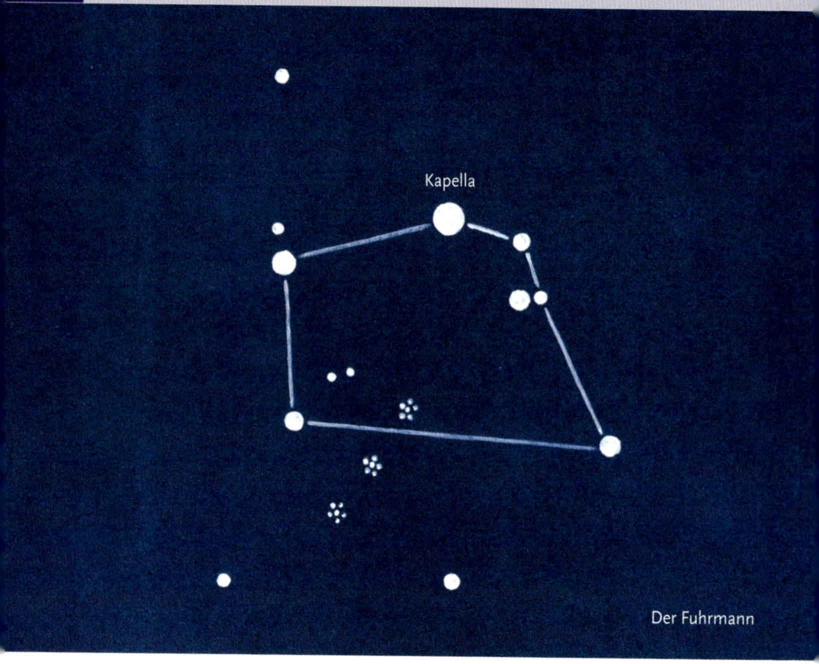

Der Fuhrmann

Das Sternbild Fuhrmann sieht wie ein Fünfeck aus. Schon vor vielen tausend Jahren sahen die Menschen in diesem Sternbild einen Fuhrmann, der eine Ziege trägt. Auch der Name des hellsten Sterns dieses Sternbildes, Kapella, heißt auf Deutsch „weibliche Ziege". Kapella ist der sechsthellste Stern am Himmel. Du kannst ihn das ganze Jahr über sehen: Im Winter steht er hoch oben am Himmel, im Sommer findest du ihn knapp oberhalb des Horizonts im Norden.

SCOUT TIPP!

Tierkreis-Sternbilder im Winter

Diese Sternbilder aus dem Tierkreis (siehe Seite 39) kannst du im Winter entdecken: Stier, Zwillinge, Krebs.

Die Sternbilder im Tierkreis

Die 13 Sternbilder des Tierkreises bilden einen Gürtel rund um den Himmel. Diesen Gürtel kannst du nicht auf einmal sehen, denn stets stehen nur drei oder vier Sternbilder gleichzeitig am Abendhimmel. Die anderen befinden sich unterhalb des Horizonts oder stehen tagsüber am Himmel.

Reise der Sonne durch den Tierkreis

Von der Erde aus gesehen scheint die Sonne einmal im Jahr durch die Sternbilder des Tierkreises zu wandern. Diese Bahn heißt auch Ekliptik. Das liegt daran, dass sich die Erde um die Sonne dreht und dabei im Jahreslauf immer wieder andere Sternbilder sichtbar werden. Das Sternbild, durch das die Sonne gerade wandert, kannst du nicht sehen: Es steht tagsüber am Himmel.

SCOUT TIPP!

Wo steht gerade die Sonne?

Im Jahreslauf wechselt die Sonne an einem bestimmten Tag von einem Sternbild in das nächste. Am 27. Oktober zum Beispiel steht die Sonne im Sternbild Jungfrau. Du kannst es an dem Tag nicht sehen, weil es vom hellen Licht der Sonne überstrahlt wird. In welchem Sternbild steht die Sonne an deinem Geburtstag? An diesem Tag wandert die Sonne in dieses Sternbild:

19. Januar	**Steinbock**
16. Februar	**Wassermann**
12. März	**Fische**
18. April	**Widder**
14. Mai	**Stier**
21. Juni	**Zwillinge**
20. Juli	**Krebs**
10. August	**Löwe**
16. September	**Jungfrau**
31. Oktober	**Waage**
23. November	**Skorpion**
29. November	**Schlangenträger**
18. Dezember	**Schütze**

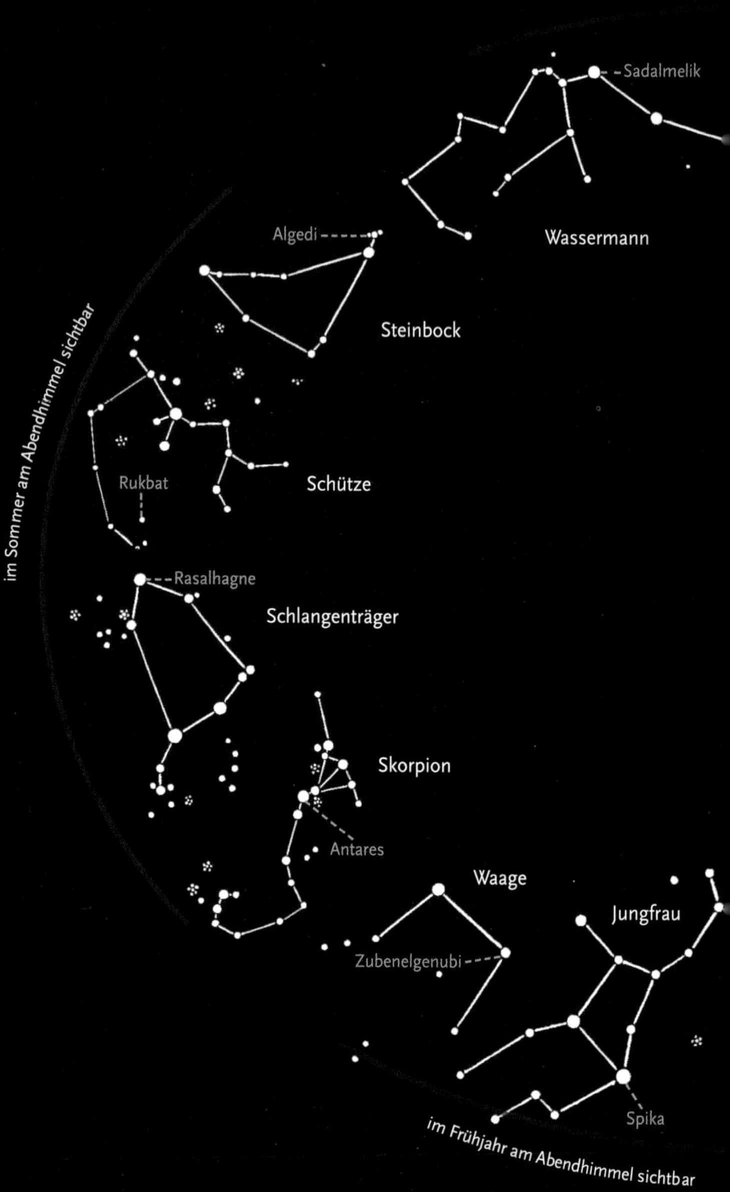

Sadalmelik
Wassermann
Algedi
Steinbock
im Sommer am Abendhimmel sichtbar
Schütze
Rukbat
Rasalhagne
Schlangenträger
Skorpion
Antares
Waage
Jungfrau
Zubenelgenubi
Spika
im Frühjahr am Abendhimmel sichtbar

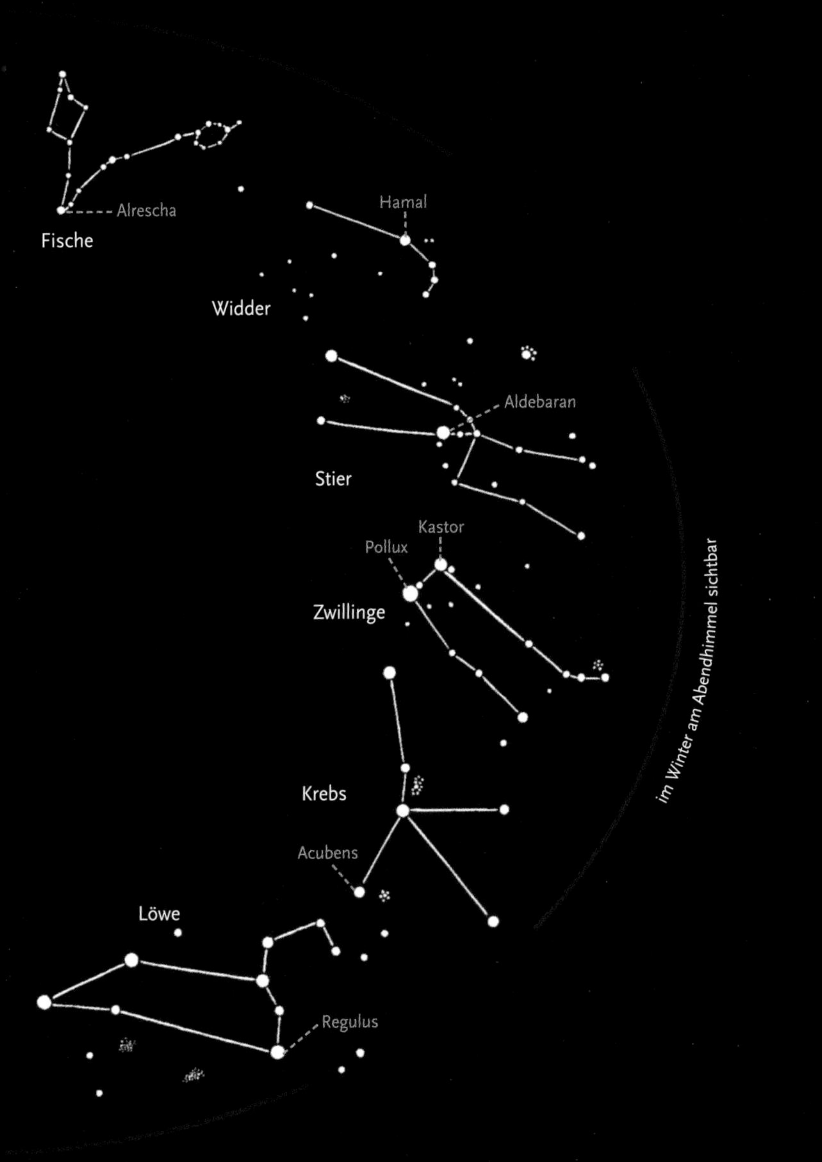
Alrescha
Fische
Hamal
Widder
Aldebaran
Stier
Kastor
Pollux
Zwillinge
Krebs
Acubens
Löwe
Regulus
im Winter am Abendhimmel sichtbar

SCOUT TIPP!

Dein Geburts-Sternbild

Ungefähr ein halbes Jahr vor oder nach deinem Geburtstag steht das Sternbild am Abendhimmel, in dem du geboren wurdest. Dann kannst du es dir anschauen. Viele Sternbilder im Tierkreis bestehen nur aus recht lichtschwachen Sternen oder stehen wie Skorpion und Schütze nur knapp über dem Horizont. Am markantesten sind die Sternbilder Löwe im Frühjahr sowie Stier und Zwillinge im Winter, die du am einfachsten erkennen kannst.

SCHON GEWUSST?

So kamen die Tierkreis-Sternbilder zu ihren Namen

Schon die Menschen in der Antike, die vor vielen tausend Jahren lebten, kannten die Sternbilder im Tierkreis. Sie wussten von den Wanderungen von Sonne, Mond und den Planeten und sie gaben den Sternbildern, durch die diese Himmelskörper zogen, Namen von bekannten Tieren.

SCOUT TIPP!

So findest du Planeten

Nicht nur die Sonne, sondern auch der Mond und die Planeten durchlaufen im Jahr die 13 Sternbilder des Tierkreises von Osten nach Westen. Wenn du diese Sternbilder kennst, weißt du genau, wo du am Abendhimmel Planeten entdecken kannst (siehe ab Seite 45). Gehört ein heller Lichtpunkt nicht zu dem Sternbild, dann muss dies ein Planet sein. Auch der Mond bewegt sich durch den Tierkreis. Sein Licht ist aber meist so hell, dass er das Licht der Sterne in seiner unmittelbaren Umgebung überstrahlt.

Wann beginnen die Jahreszeiten?

Jedes Jahr beginnen die Jahreszeiten, wenn die Sonne in ein ganz bestimmtes Sternbild wandert. Am Frühlingsbeginn (21. oder 22. März) steht die Sonne im Sternbild Fische, am Sommeranfang (21. Juni) im Sternbild Stier, am Herbstanfang (22. oder 23. September) im Sternbild Jungfrau und am Winterbeginn (21. oder 22. Dezember) im Sternbild Schütze.

Dann kannst du die Sternbilder natürlich nicht sehen, denn das helle Licht der Sonne überstrahlt die einzelnen Sterne.

SCOUT TIPP!

Was sind Tierkreis- oder Sternzeichen?

Außer dem Schlangenträger kommen dir die Namen der Sternbilder im Tierkreis vielleicht bekannt vor. Du kennst sie aus Horoskopen, vielleicht weißt du ja auch das Sternzeichen, in dem du geboren wurdest. Stern**bilder** am Himmel und Tierkreis- oder Stern**zeichen** sind etwas ganz verschiedenes, obwohl sie die gleichen Tiernamen tragen. Sternzeichen gibt es nur in der Astrologie oder Sterndeuterei.

Vielleicht wunderst du dich nun, warum die Sonne am 27. Oktober im Sternbild Jungfrau steht, wo doch zu dieser Zeit das Sternzeichen Skorpion gültig ist. Das liegt daran, dass der Himmel noch ganz anders aussah, als ihn die antiken Astrologen vor vielen tausend Jahren beobachteten. Damals stand die Sonne am Frühlingsanfang noch im Sternbild Widder und den Polarstern gab es damals auch noch nicht. Er stand an einer ganz anderen Stelle am Himmel. Seit damals hat sich der Himmel geändert. Das liegt daran, dass die Erdachse heute anders steht als zur damaligen Zeit. Die Astrologen teilten damals den Himmel in zwölf gleich lange Abschnitte ein – das sind die zwölf Tierkreiszeichen. Heute stimmen die Tierkreiszeichen nicht mehr mit der Realität am Himmel überein, sondern sind gegenüber dem Sonnenlauf durch die Tierkreis-Sternbilder um etwa einen Monat verschoben.

Sonne, Mond und die Planeten

Du hast nun die wichtigsten Sternbilder am Himmel kennengelernt. Diese Sternbilder kannst du dir wie eine riesige Himmelstapete vorstellen, auf der die einzelnen Sterne aufgeklebt sind. Das Sternenmuster auf der Tapete bleibt immer gleich, aber im Jahreslauf sind immer andere Teile der Tapete mit ihren Sternbildern nachts am Himmel sichtbar. Neben den Sternen gibt es aber auch Lichtpunkte, die nicht feststehen. Das sind die Sonne, der Mond und die Planeten. Wie Schauspieler bewegen sie sich ständig vor der Himmelstapete der Sternbilder und verändern im Lauf von Tagen, Wochen oder Monaten ihre Position.

SCOUT TIPP!

Wo musst du nach einem Planeten suchen

Planeten wechseln im Lauf von Wochen, Monaten oder Jahren auf ihrer scheinbaren Bahn am Himmel fortlaufend von einem Sternbild zum nächsten. Sie bewegen sich aber nicht beliebig über den Himmel, sondern bleiben stets auf einer festen Bahn: Diese Bahn wird von den Sternbildern des Tierkreises (siehe Seite 39) gebildet. Nur in diesen Sternbildern musst du nach den Planeten Ausschau halten, woanders am Himmel können sie nicht sein. In astronomischen Jahrbüchern, in der Tageszeitung oder im Internet erfährst du, welche Planeten gerade am Abendhimmel zu sehen sind und in welchem Tierkreis-Sternbild du sie suchen musst.

SCHON GEWUSST?

Fixsterne und Wandelsterne

Weil die Sterne immer an derselben Stelle in einem Sternbild stehen, heißen sie auch Fixsterne. Die Planeten hingegen verändern laufend ihre Position in einem Sternbild. Deshalb werden sie Wandelsterne genannt, so heißt das Wort Planeten auch auf Deutsch.

Der Mond

In manchen Nächten steht der riesige Vollmond am Himmel, in anderen entdeckst du die schmale Mondsichel, die etwa gerade über dem nahen Wäldchen aufgeht. Weil der Mond der uns nächste Himmelskörper ist, kannst du ihn am besten beobachten.

Der Mond

Der Mond umkreist die Erde auf einer festen Bahn, die 384000 km von der Erde entfernt ist. Mit dem Fahrrad müsstest du drei Jahre lang pausenlos radeln, um den Mond zu erreichen. Der Mond braucht ungefähr einen Monat, um sich einmal um die Erde zu drehen. Von der Erde aus gesehen bewegt auch er sich nur durch die Tierkreis-Sternbilder (siehe Seite 39) am Himmel. Alle zwei bis drei Tage wechselt er von einem Sternbild in das nächste. Weil der Mond so hell ist, kannst du aber meistens nicht die Sterne in seiner unmittelbaren Nähe sehen.

SCHON GEWUSST?

Warum kreist der Mond in 27 und in 29,5 Tagen um die Erde?

Der Mond braucht 27 Erdtage, um einmal um die Erde zu kreisen. Da sich die Erde aber in dieser Zeit ein Stück weiter auf ihrer Bahn um die Sonne bewegt hat, braucht der Mond ein paar Tage mehr, um von der Erde aus gesehen wieder an derselben Stelle wie zuvor zu stehen. Das sind 29,5 Tage.

Steckbrief Mond

Durchmesser: 3476 km, etwa ein Viertel so groß wie die Erde
Temperatur: - 170 bis 125 °C
Dauer eines Tages: 27 Erdtage
Dauer einer Erdumkreisung: 27 bzw. 29,5 Erdtage
Entfernung von der Erde: 384.000 km
Interessant: Der Mond bewirkt Ebbe und Flut auf der Erde

Steckbrief Erde

Durchmesser: 12.750 km
Temperatur: -70 bis 58 °C, durchschnittlich 15 °C
Dauer eines Tages: 24 Stunden
Dauer eines Jahres: 365 Erdtage
Entfernung von der Sonne: 149,6 Millionen km
Anzahl der Monde: 1
Interessant: Der einzige Planet im Sonnensystem, auf dem es flüssiges Wasser gibt

SCHON GEWUSST?

Weil der Mond genauso lang für eine Umdrehung um die Erde wie für eine Drehung um die eigene Achse benötigt, siehst du jede Nacht dieselbe Mondseite. Darum kennen wir die Vorderseite des Mondes sehr gut. Die Rückseite des Mondes kennen wir nur durch die Fotos von Raumsonden.

Vollmond, Halbmond, Neumond

Weil sich der Mond um die Erde dreht, entstehen die Mondphasen. Sie sind so auffallend, dass du sie einen Monat lang beobachten solltest. Zeichne den Mond jeden Tag so, wie du ihn gerade siehst: den voll beleuchteten Mond bei Vollmond und den halb beleuchteten Mond bei Halbmond. Bei Vollmond steht der Mond die ganze Nacht am Himmel, denn er geht bei Sonnenuntergang im Osten auf und bei Sonnenaufgang im Westen unter. Bei Neumond hingegen kannst du den Mond gar nicht entdecken, denn dann steht er tagsüber am Himmel und wird vom hellen Licht der Sonne überstrahlt.

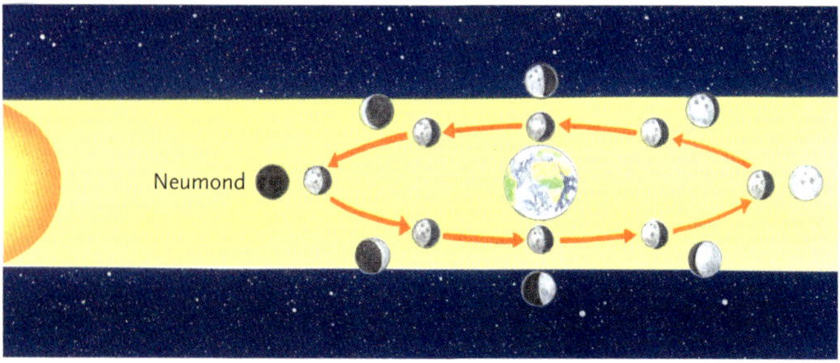

SCHON GEWUSST?

Die Mondsichel

Bei uns steht die Mondsichel bei Halbmond aufrecht am Himmel. Je näher du dem Äquator kommst, umso mehr liegt sie am Himmel und sieht wie eine Hängematte aus.

SCOUT TIPP!

So kommen die Mondphasen zustande

Um selbst auszuprobieren, wie die Mondphasen zustande kommen, brauchst du eine Schreibtischlampe und einen Ball oder Apfel. Die Lampe ist die Sonne, Ball oder Apfel der Mond und dein Kopf die Erde. Mach im dunklen Zimmer die Lampe an und richte den Lichtstrahl auf dich. Halte den Ball/Apfel in der Hand und stell dich mit ausgestrecktem Arm vor die brennende Lampe. Die Lampe strahlt dein Gesicht und den Ball an, so wie im Weltall die Sonne die Erde und den Mond anstrahlt. Stehst du mit deinem Gesicht („Erde") zur Lampe („Sonne"), siehst du die dunkle Rückseite des Balls („Mond") – der „Mond" zeigt dir seine dunkle Seite wie bei Neumond. Dreh dich nun so, dass deine linke Körperseite zur Lampe zeigt, halte den Ball weiterhin in der ausgestreckten Hand. Nun beleuchtet die „Sonne" den Mondball nur halb – so ist es bei Halbmond. Nun drehst du dich so, dass dein Rücken zur Lampe hin zeigt. Halte dabei den Ball etwas höher, sodass er von der Lampe angestrahlt wird: Du siehst den „Mond" im vollen Licht wie bei Vollmond.

Nimmt der Mond ab oder zu?

Wenn der Mond bei Halbmond nur teilweise beleuchtet ist, kannst du dennoch erkennen, ob bald Voll- oder Neumond ist. Wird die beleuchtete Mondsichel immer kleiner, steht Neumond bevor – dann ist der Mond abnehmend. Bei zunehmendem Mond wird die Mondsichel von Tag zu Tag größer, bis 15 Tage später dann Vollmond ist. An der Form der Mondsichel kannst du erkennen, ob gerade abnehmender oder zunehmender Mond ist. Bildet der Mond die Form eines kleines „ɑ", so nimmt er ab. Ist das kleine „D" spiegelverkehrt oder sieht wie ein altdeutsches kleines „𝔷" aus der Frakturschrift aus, dann ist der Mond zunehmend.

SCHON GEWUSST?

Mondfinsternis

Nur bei Vollmond kannst du eine Mondfinsternis beobachten (siehe Seite 80).

Die Erde und ihr Mond

Die Erde ist der einzige Planet in unserem Sonnensystem, auf dem es flüssiges Wasser und eine sauerstoffreiche Lufthülle gibt. Zudem liegen die durchschnittlichen Temperaturen auf der Erde bei ungefähr 15 °C – das ist so warm wie an einem typischen Frühlingstag. Dadurch ist die Erde auch der einzige Planet unseres Sonnensystems, auf dem Leben möglich ist.

Verglichen mit den anderen Planeten besitzt die Erde nach Pluto den zweitgrößten Mond. Der Mond ist eine leblose, öde und unwirtliche Gesteinskugel. Er besitzt keine Atmosphäre. Deshalb verwehren uns keine Wolken den Blick auf die Oberfläche, die von unzähligen kleinen, großen und riesigen Kratern übersät ist. Jedes Mal, wenn ein Meteorit auf der Mondoberfläche eingeschlagen ist, ist ein neuer Krater entstanden. Auch auf der Erde sind zahlreiche Meteoriten eingeschlagen, einer sogar in Deutschland (siehe Seite 79).

Krater auf dem Mond beobachten

Bei Halb- oder Vollmond kannst du in den hellen Gebieten die bis zu 300 km großen Krater beobachten. Um manche Krater entdeckst du strahlenförmige Strukturen, wie etwa beim riesigen Krater Tycho unten links. Sie bestehen aus Gesteinen, die beim Einschlag des Meteoriten ausgeworfen wurden. In den dunklen Gebieten hingegen erkennst du keine Krater.

SCHON GEWUSST?

Wie der Mond entstanden ist

Vor ungefähr vier Milliarden Jahren war die Erde noch eine glühend heiße Gesteinskugel. Damals wurde sie von einem riesigen Brocken gestreift, der ungefähr dreimal so groß wie der Planet Mars war. Dabei wurden zahlreiche Bruchstücke der Erde ins All geschleudert, aus denen sich unser Mond bildete. Zunächst war er viel näher an der Erde als heute. Auch heute noch entfernt sich der Mond jedes Jahr um rund 4 cm von der Erde.

Das Mondgesicht

Wenn du dir die Oberfläche des Mondes anschaust, fallen dir helle und dunkle Bereiche auf. Mit etwas Fantasie kannst du auf dem Mond sogar ein Gesicht erkennen, das bekannte Mondgesicht. Heute wissen wir, dass die hellen Bereiche Hochebenen sind, die Terrae heißen. Die dunklen Bereiche sind die sogenannten Mondmeere, Maria genannt, die trotz ihres Namens kein Wasser führen. Sie bestehen aus erstarrten, dunklen Lavamassen. Sie haben witzige Namen wie zum Beispiel: „Mare Imbrium“ (Regenmeer), „Mare Crisium“ (Meer der Gefahren) oder „Mare Spumans“ (Schäumendes Meer).

SCHON GEWUSST?

Das aschgraue Mondlicht

Wenn du den Mond etwa zwei Tage nach Neumond beobachtest, steht er knapp über dem Horizont. Dann erkennst du, dass die unbeleuchtete Mondseite nicht ganz dunkel ist wie sie eigentlich sein müsste. Sie liegt im aschgrauen Licht. Dieses Licht wird von der Erde, die ja nun vom Mond aus gesehen in vollem Sonnenlicht liegt und quasi eine Vollerde ist, auf den Mond reflektiert.

SCOUT TIPP!

Die besten Zeiten für Mondbeobachtungen

Bei Halbmond ist die beste Zeit für Mondbeobachtungen. Dann ist der Mond nicht so hell, dass er dich blenden könnte, aber dennoch liegen Teile der Mondoberfläche im Sonnenlicht. Schau dir mit dem Fernglas den Mond an der Tagundnachtgrenze an. Dort werfen die mehrere Kilometer hohen Bergketten und Kraterränder lange Schatten. Auch die dunklen Mondmeere kannst du nun gut erkennen.

Halbmond ist auch der beste Termin für einen Besuch in der Sternwarte – denn ein Blick auf den Mond mit dem Teleskop ist wirklich umwerfend: Noch deutlicher siehst du die Berge und Kraterwälle. Bei manchen Kratern (wie zum Beispiel im Krater Kopernikus, der so ziemlich in der Mondmitte liegt) befindet sich in deren Mitte ein Zentralberg, der nun ebenfalls einen langen Schatten wirft. Am Schattenfall erkennst du, wie hoch die Wälle und Berge sind.

Ebbe und Flut

Mit dem Lauf des Mondes um die Erde hängen auch die Gezeiten Ebbe und Flut zusammen. Auf der Seite der Erde, die dem Mond zugewandt ist, wird das Wasser in den Meeren angezogen – dort ist Flut. Auch auf der entgegengesetzten Seite der Erde befindet sich ein Flutberg. Dort, wo kein Flutberg ist, herrscht hingegen Ebbe. Weil sich die Erde in 24 Stunden um die eigene Achse dreht, dreht sie sich quasi unter ihren Flutbergen hindurch: Zweimal am Tag herrscht Flut und zweimal Ebbe.

SCHON GEWUSST?

Astronauten auf dem Mond

1969 landeten die ersten Menschen auf dem Mond. Die Astronauten waren nach vielen unbemannten Mondlandungen mit einer Rakete auf den Mond geflogen. Die Stelle, auf der sie damals auf dem Mond landeten, kannst du sehen: Sie befindet sich mitten im „Mare Tranquillitatis“, dem Meer der Ruhe, das sich etwas rechts von der Mondmitte befindet.

Die Sonne

Die Sonne ist der Stern, der der Erde am nächsten steht. Ihr Licht ist so hell, dass es bei uns Tag und Nacht gibt. Ihre Wärme erreicht die Erde und macht aus ihr einen angenehmen Planeten, auf dem Pflanzen, Tiere und Menschen leben können. Ohne die Sonne wäre es auf der Erde kalt, dunkel und leblos.

Warum ist die Sonne heiß?

Die Sonne ist ein gigantisch großer, glühender Wasserstoff-Gasball. Er funktioniert wie ein Reaktor und erzeugt Hitze und Licht. Weil die Sonne so riesig ist, herrscht in ihrem Innern ein gewaltiger Druck. Dadurch prallen die Wasserstoffgase heftig aufeinander und verbinden sich zu einem anderen Gas, dem Helium. Dabei werden riesige Mengen an Energie frei. Die Sonne erzeugt in einer Sekunde mehr Energie als alle Kraftwerke der Erde in einer Million Jahren!

Seit 4,6 Milliarden Jahren leuchtet schon die Sonne. Obwohl sie in jeder Sekunde rund 600 Millionen Tonnen Wasserstoffgas verarbeitet, hat sie noch genügend Brennstoffvorräte, um weitere fünf Milliarden Jahre gleichmäßig zu scheinen.

SCOUT TIPP!

Achtung, schau niemals direkt in die Sonne!

Weder mit bloßen Augen noch mit einem Fernglas darfst du in die Sonne schauen. Das Licht der Sonne ist so hell, es blendet dich sofort und du kannst dann blind werden. Nur morgens bei Sonnenaufgang oder abends bei Sonnenuntergang kannst du die Sonne betrachten, aber auch nur mit bloßen Augen und **nicht** mit einem Fernglas!

Steckbrief Sonne

Durchmesser: 1.392.000 km, 109-mal größer als die Erde
Temperatur: 5500 °C an der Oberfläche, 15,5 Millionen °C im Innern
Dauer einer Umdrehung: etwa 30 Erdtage
Interessant: In die Sonne passen 1.304.000 Erdbälle.

Gefährliche UV-Strahlen

Die Sonne strahlt nicht nur Licht und Wärme, sondern auch lebensgefährliche UV-Strahlen aus. Die meisten werden von der Ozonschicht in der Erdatmosphäre aufgefangen, so dass nur ein kleiner Teil die Erdoberfläche erreicht. Bestimmte Gase, die etwa in Spraydosen und Kühlmitteln enthalten sind, zerstören diese Ozonschicht. Da die UV-Strahlen zu gefährlichen Krankheiten führen können, ist es wichtig, dass wir alles tun, damit die schützende Ozonschicht der Erde erhalten bleibt.

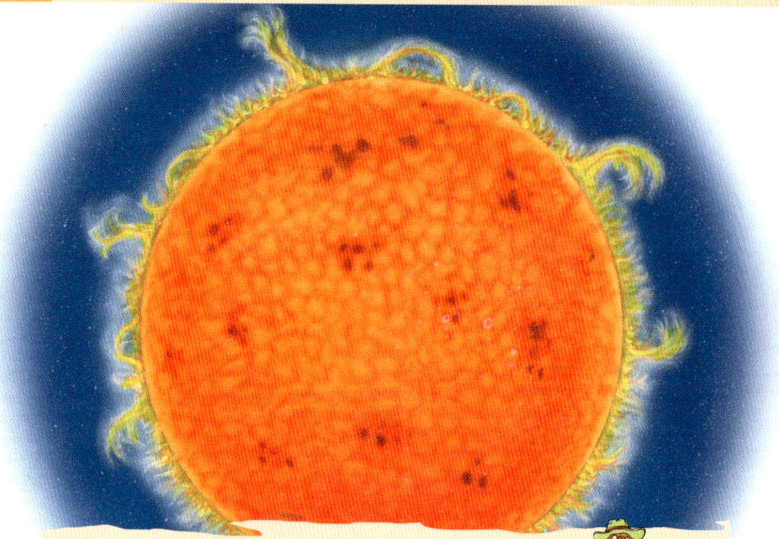

Die Sonne beobachten

In manchen Sternwarten kannst du die Sonne beobachten. Erkundige dich, ob das in deiner Sternwarte möglich ist. Dort werfen Astronomen das Bild der Sonne durch ein Fernrohr auf eine weiße Fläche, die du anschauen kannst. Manchmal wird auch ein spezielles Sonnenfilter auf das Teleskop gesetzt, mit dem die Sonne direkt beobachtet werden kann. Du erkennst, dass die Sonne keine gelbe, ruhige Scheibe ist. Sie sieht wie ein brodelnder Kochtopf aus. Auf der Oberfläche befinden sich kleine helle Flecken, die wie kleine Grießkörnchen aussehen. Sie sind etwa 1000 km groß und bestehen aus heißeren Gasen, die dort aus dem glühenden Innern aufsteigen. Auf der Sonnenoberfläche kannst du auch dunkle Flecken entdecken. Diese Sonnenflecken sind Gebiete, in denen es um rund 1500 °C kühler als auf der übrigen Oberfläche ist. Alle elf Jahre treten besonders viele Sonnenflecken auf. Sie werden von Magnetfeldern der Sonne verursacht.

Auf der Oberfläche explodieren riesige, glühende Feuerschweife, die Protuberanzen heißen. Die größten reichen 10.000 km weit ins Weltall. Diese Gasfackeln fallen wieder auf die Sonne zurück.

SCHON GEWUSST?

Die Riesensonne

Wenn die Sonne auf- oder untergeht, hängt sie wie eine riesige, orangefarbene Lampe knapp über dem Horizont. Steigt sie dann höher wird sie immer kleiner. Das ist jedoch eine optische Täuschung. Miss mit dem kleinen Finger, wie groß die Sonne knapp über dem Horizont und höher am Himmel ist: Du wirst feststellen, sie ist immer gleich groß. Auch der Mond sieht viel größer aus, wenn er gerade auf- oder untergeht. Übrigens sehen Mond und Sonne von der Erde aus gleich groß aus – miss ihre Größe mit deinem Zeigefinger.

SCOUT TIPP!

Sonnenphänomene auf der Erde: die Polarlichter

Mit dem Sonnenwind gelangen auch elektrisch geladene Teilchen der Sonne auf die Erde. Wenn diese Teilchen die Erdatmosphäre erreichen, regen sie die Luftmoleküle zum Leuchten an. Dann kannst du während des Winters im hohen Norden und rund um den Südpol die Polarlichter beobachten. Die Polarlichter ziehen sich wie bunte Bänder, Wellen oder Vorhänge über den Himmel.

SCHON GEWUSST?

Auch die Sonne dreht sich um ihre eigene Achse. Am Äquator braucht sie für eine Umdrehung etwa 25 Tage, an den Polen aber etwa 35 Tage.

Unser Sonnensystem

Um die Sonne kreist nicht nur unser Heimatplanet Erde, sondern noch einige andere Planeten. Merkur und Venus sind näher an der Sonne als die Erde und werden innere Planeten genannt. Mars, Jupiter, Saturn, Uranus und Neptun hingegen kreisen in viel größerem Abstand um die Sonne als die Erde. Sie heißen äußere Planeten. Merkur, Venus, Erde und Mars sind klein und felsig, während Jupiter, Saturn, Uranus und Neptun Riesenplaneten aus flüssigen oder gasförmigen Gasen sind. Mit bloßem Auge kannst du fünf Planeten am Himmel beobachten: Merkur, Venus, Mars, Jupiter und Saturn.

Seit Urzeiten bekannt

Die fünf Planeten, die du mit bloßem Auge beobachten kannst, sind den Menschen seit Urzeiten bekannt. Galileo Galilei hat sie im 17. Jahrhundert mit dem Fernglas studiert und dabei auch die vier großen Jupitermonde entdeckt. Früher dachten die Menschen, dass die Planeten das menschliche Schicksal beeinflussen. So war der Stern von Betlehem, der vor über 2000 Jahren die Geburt Jesus Christus angekündigt hat, kein Komet, sondern eine ungewöhnliche Bewegung der hellen Planeten Jupiter und Saturn im Sternbild Fische.

SCHON GEWUSST?

Merksatz zu den Planeten

Die Reihenfolge der Planeten kannst du dir ganz leicht mit diesem Merksatz einprägen:

Mein **V**ater **er**klärt **m**ir **j**eden **S**onntag **u**nseren **N**achthimmel.

Die Anfangsbuchstaben jedes Wortes stehen für einen Planeten Merkur – Venus – Erde – Mars – Jupiter – Saturn – Uranus – Neptun. Im letzten Wort Nachthimmel ist das Wort acht enthalten – so viele Planeten gibt es in unserem Sonnensystem. Pluto gehört heute nicht mehr zu den Planeten, sondern zu den Kleinplaneten.

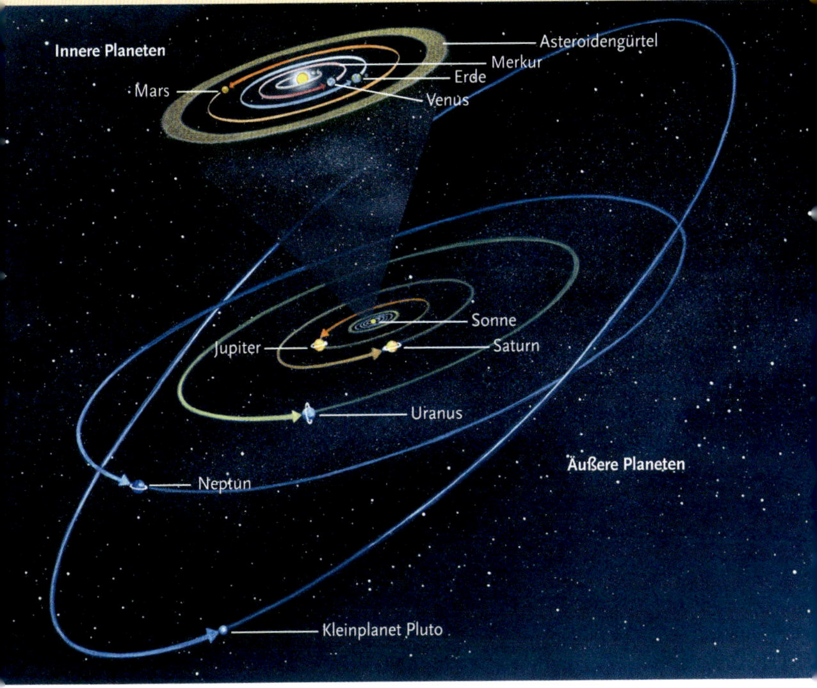

Die Planeten beobachten

Die Planeten sind nicht jede Nacht zu sehen. Jeder Planet durchwandert wie Sonne und Mond den Tierkreis in seinem eigenen Tempo: die sonnennahen, inneren Planeten Merkur und Venus in wenigen Tagen oder Monaten, die sonnenfernen, äußeren Planeten in mehr als einem Jahr. Auf ihrer Reise um die Sonne können sich die Planeten, von der Erde aus betrachtet, auch in einem Sternbild begegnen und überholen. Natürlich kannst du am Abendhimmel nur die Planeten entdecken, wenn sie gerade ein Sternbild durchlaufen, das dann auch am Himmel steht.

Warum kannst du Planeten sehen?

Anders als die Sonne und die Sterne leuchten die Planeten nicht von selbst. Du kannst sie nur deshalb am Abendhimmel sehen, weil sie von der Sonne angestrahlt werden und dieses Licht ins Weltall zurückwerfen.

So unterscheidest du Planeten von Sternen

Auf den ersten Blick leuchten Planeten wie Sterne. Deshalb sind sie nicht sofort als solche erkennbar. Doch es gibt drei sichere Kennzeichen für die Planeten:

1. Venus, Jupiter und Mars können heller als der hellste Stern Sirius sein (den du im Winter beobachten kannst) und fallen deshalb sofort als Planeten auf. Auch ein Lichtpunkt, der sofort nach Sonnenuntergang in der Dämmerung aufleuchtet, ist meist ein Planet.
2. Wenn du die Tierkreis-Sternbilder kennst (siehe Seite 39), fallen dir die Planeten als Störenfriede auf – sie stehen im Sternbild an Stellen, an denen sich sonst kein Stern befindet. Zudem verändern Planeten im Lauf von Wochen und Monaten ihre Position vor den feststehenden Sternen der Sternbilder.
3. Das Licht der Planeten funkelt kaum und strahlt viel ruhiger als das funkelnde Sternenlicht. Das liegt daran, dass die Sterne so weit von uns entfernt sind: Ihr Licht fällt wie ein kleines Pünktchen durch die Lufthülle unserer Erde und wird in den von Winden bewegten Luftschichten funkelnd hin- und hergeworfen. Planeten hingegen befinden sich sehr viel näher an der Erde. Wir sehen sie nicht als Lichtpünktchen, sondern als helle Scheiben – das erkennst du sofort, wenn du einen Planeten im Fernglas oder Teleskop betrachtest. Von den hell beleuchteten Scheiben der Planeten erreichen uns viele Lichtstrahlen, die nicht so leicht in den turbulenten Luftschichten hin- und hergeworfen werden – ähnlich wie ein kleiner, leichter Ball bei Wind schneller von seiner Wurfbahn abdriftet wie ein großer, schwerer.

SCHON GEWUSST?

Nur wenige der Asteroiden sind kugelförmig wie die Planeten, die meisten sind unregelmäßig geformt oder sehen wie eine Kartoffel aus.

Der Asteroidengürtel

Zwischen Mars und Jupiter befinden sich Millionen von Asteroiden, die die Sonne auf einer festen Umlaufbahn umkreisen. Die Asteroiden sind sandkorn- bis riesengroße Gesteins- und Metallbrocken, die von der Entstehung unseres Sonnensystems übrig geblieben sind. Sie haben sich in einem riesigen kosmischen Trümmerhaufen angesammelt, der wie ein Band um die Sonne kreist. Ceres ist der größte Asteroid, er ist etwa so groß wie Deutschland. Vesta, ein anderer Asteroid, hat eine so helle Oberfläche, dass du ihn bei absolut dunklem Himmel gerade noch mit bloßem Auge sehen kannst. Alle anderen Asteroiden sind nur mit dem Teleskop sichtbar. Außerhalb der Neptunbahn befindet sich ein weiterer Gürtel aus Millionen Asteroiden, der sogenannte Kuiper-Gürtel (siehe Seite 75).

Merkur – der schnellste Planet

Merkur entdecken

Merkur am Himmel zu beobachten ist eine echte Herausforderung. Weil er der sonnennächste Planet ist, ist er von der Erde aus gesehen niemals weit von der Sonne entfernt. Deshalb steht er die meiste Zeit am Taghimmel. Er folgt stets ziemlich dicht der strahlend hellen Sonne oder läuft ihr knapp voraus. So kannst du ihn abends nur bei Sonnenuntergang oder morgens vor Sonnenaufgang knapp über dem Horizont entdecken. Abends geht er kurz nach der Sonne unter, morgens steigt kurz nach ihm die Sonne über den Horizont und überstrahlt rasch das Merkurlicht. Die besten Beobachtungszeiten sind etwa eine Stunde nach Sonnenuntergang bzw. eine Stunde vor Sonnenaufgang – nur in dieser Zeit ist er überhaupt am Himmel zu finden. Da dann bei uns immer noch Dämmerung herrscht, wirkt Merkur nie besonders hell – obwohl sein Licht heller als der Mars werden kann. Zudem ist Merkur nur zweimal für ein oder zwei Wochen im Jahr zu sehen – du siehst, Merkur ist eine echte Herausforderung!

SCOUT-TIPP!

Achtung, Blendgefahr!

Merkur steht immer sehr nah an der Sonne. Deshalb darfst du ihn nie am Himmel suchen, wenn die Sonne noch nicht gänzlich untergegangen ist. Schau ihn dir auch niemals mit dem Fernglas an. Du könntest dabei versehentlich direkt in die Sonne schauen und dann für immer blind werden.

Steckbrief Merkur

Durchmesser: 4879 km, etwa ein Drittel so groß wie die Erde
Temperatur: -180 °C bis 400 °C
Dauer eines Tages: 59 Erdtage
Dauer eines Jahres: 88 Erdtage
Entfernung von der Sonne: 70 Millionen km
Anzahl der Monde: keine
Interessant: dreht sich so langsam, dass die Sonne nur ein- bis zweimal im Jahr aufgeht

SCOUT TIPP!

Merkur weiter südlich sehen

Wenn du Urlaub im Mittelmeerraum oder Nordafrika machst, kannst du leichter den Merkur beobachten.

Typisch Merkur!

Weil Merkur sich so nah an der heißen Sonne befindet, ist dieser Planet eine glühende, öde Gesteinskugel. Die Oberfläche von Merkur ist wie der Mond von Einschlagkratern kleiner und großer Meteoriten bedeckt. Merkur dreht sich so langsam um seine Achse, dass er stets dieselbe Seite der Sonne zuwendet. Dort auf der Tagseite ist es höllisch heiß, während es auf der sonnenabgewandten Nachtseite tierisch kalt ist. Dieser große Temperaturunterschied von fast 600 °C kommt daher, weil Merkur keine Wärme speichernde Atmosphäre hat.

SCHON GEWUSST?

So kam Merkur zu seinem Namen

Weil Merkur so schnell um die Sonne rast, trägt dieser Planet den Namen des römischen Götterboten Merkur. Bei den Griechen der Antike hieß Merkur noch „Stern des Hermes“, denn in der griechischen Götterwelt war Hermes der flinke Götterbote.

Venus – der Morgen- und Abendstern

Venus entdecken

Venus ist nach der Sonne und dem Mond das hellste Gestirn am Himmel. Mit dem bloßen Auge kannst du diesen hellen Planeten entweder abends nach Sonnenuntergang im Westen oder morgens vor Sonnenaufgang im Osten sehen. Venus kannst du niemals die ganze Nacht über am Himmel sehen wie die äußeren Planeten Mars, Jupiter oder Saturn, sondern immer nur wenige Stunden am Abend oder Morgen. Weil sie der Sonne näher ist als die Erde, folgt Venus stets der Sonne oder geht ihr voraus. Strahlt sie morgens am Himmel, wird sie Morgenstern genannt, steht sie am Abendhimmel, nennt man sie Abendstern.

SCOUT TIPP!

Vollvenus, Neuvenus und Halbvenus

Im Fernglas oder Teleskop siehst du die Venus als Scheibe. Im Fernglas erkennst du auch, dass die Venus ihre Form verändert: Mal ist sie groß und sichelfömig, mal kleiner oder größer und rundlich – so wie unser Mond. Die Venus zeigt nämlich ebenfalls einzelne Phasen: Du kannst eine voll beleuchtete Vollvenus, eine sichelförmige Halbvenus oder eine nicht beleuchtete Neuvenus unterscheiden. Am besten ist sie bei ungefähr Halbvenus zu beobachten.

Steckbrief Venus

Durchmesser: 12.100 km, etwas kleiner als die Erde
Temperatur: 480 °C
Dauer eines Tages: 243 Erdtage
Dauer eines Jahres: 225 Erdtage
Entfernung zur Sonne: 108 Millionen km
Anzahl der Monde: keine
Interessant: der heißeste Planet unseres Sonnensystems

Typisch Venus!

Noch vor 50 Jahren glaubte man, dass die Venus der Schwesterplanet der Erde sei. Die Menschen stellten sich damals vor, dass unter dem dichten Wolkenhimmel eine üppige Dschungellandschaft gedeihen würde. Doch die ersten Raumsonden, die die Venus besuchten, machten diesem idyllischen Bild ein Ende: Auf der Venus herrschen höllische Temperaturen, bei denen selbst Blei schmilzt. Die dichten Wolken bestehen aus tödlich giftigem Kohlendioxid und Schwefelsäure, die nach faulen Eiern stinken. Wegen der dichten Wolken könntest du auf der Venus niemals den klaren Himmel sehen. Dort ist es auch nicht hell, obwohl die Venus der Sonne so nah ist. Immer herrscht Dämmerlicht. Ständig fällt saurer ätzender Regen, der sofort Löcher in deine Kleidung brennen würde. Und der Druck auf der Oberfläche der Venus ist 90-mal größer als auf der Erdoberfläche – um auf der Erde solchen hohen Druck zu finden, müsstest du im Meer in 900 m Tiefe tauchen. Vor langer Zeit sind auf der Venus viele Vulkane ausgebrochen – davon zeugen die unzähligen erloschenen Vulkankegel und erstarrte Lavaströme. Alles in allem ist die Venus ein völlig unwirtlicher Planet.

SCHON GEWUSST?

So kam Venus zu ihrem Namen

Dieser Planet heißt nach der römischen Göttin der Liebe, Venus.

Mars – der rote Krieger

Mars entdecken

Auch Mars ist eine auffällige Erscheinung am Himmel, wenn er zu beobachten ist. Ungefähr alle 2,5 Jahre kommt er der Erde am nächsten. Dann leuchtet er so hell wie Jupiter und du kannst ihn leicht finden, denn sein Licht strahlt deutlich in rötlicher Farbe. In der restlichen Zeit ist er weniger hell, fällt aber dennoch durch sein rötliches Licht auf, oder kann gar nicht gesehen werden, weil er am Taghimmel steht. Mars saust recht schnell durch die Sternbilder des Tierkreises und wandert innerhalb weniger Wochen durch ein Sternbild.

SCHON GEWUSST?

Der größte Berg im Sonnensystem

Mars besitzt auch den größten Berg im Sonnensystem. Der erloschene Vulkan Olympus Mons ist 27 km hoch und an seinem Fuß über 600 km breit.

SCOUT TIPP!

Schneebedeckte Pole

Im Marswinter bilden sich rund um den Nord- und Südpol weiße Kappen aus Kohlendioxidschnee. Du kannst sie im Teleskop einer Sternwarte beobachten, wenn sie einen leuchtenden Kontrast zu der roten Marsoberfläche bilden. Im Sommer verdunsten diese Schneefelder wieder und auch an den Polen wird die rote Oberfläche sichtbar.

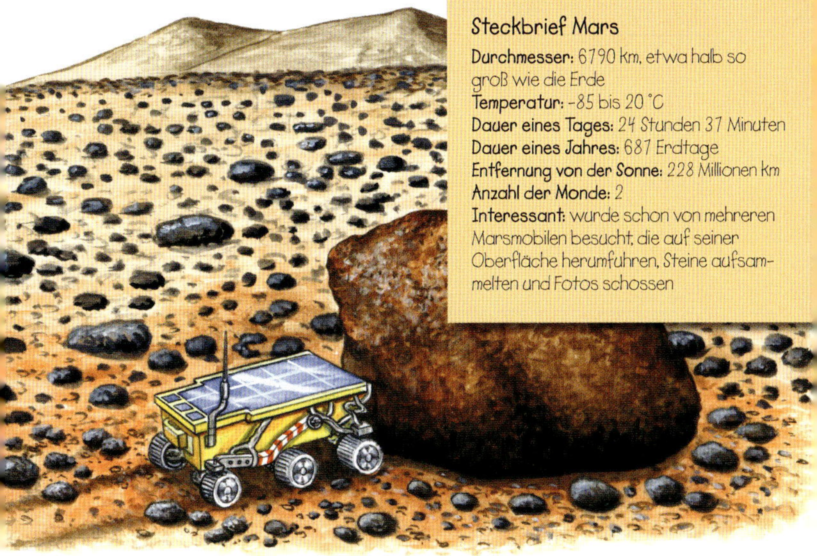

Steckbrief Mars

Durchmesser: 6790 km, etwa halb so groß wie die Erde
Temperatur: -85 bis 20 °C
Dauer eines Tages: 24 Stunden 37 Minuten
Dauer eines Jahres: 687 Erdtage
Entfernung von der Sonne: 228 Millionen km
Anzahl der Monde: 2
Interessant: wurde schon von mehreren Marsmobilen besucht, die auf seiner Oberfläche herumfuhren, Steine aufsammelten und Fotos schossen

Typisch Mars!

Mars besitzt eine steinige, trockene Oberfläche. Dort gibt es ausgedehnte Sand- und Gesteinswüsten. Weil die Gesteine viel Eisenoxid enthalten, rosten sie sozusagen und geben diesem Planeten seine rote Farbe. Darum leuchtet der Mars auch rötlich am Himmel. Die dünne Atmosphäre besteht aus giftigem Kohlendioxid. Weil es auf dem Mars keine Ozonschicht gibt, fallen die tödlichen UV-Strahlen der Sonne ungehindert auf die Oberfläche. Ungeschützt könnte das kein Lebewesen überleben – darum gibt es auch kein Leben auf dem Mars. Mars ist einer der trockensten Planeten, den wir kennen. Er ist viel trockener als die trockenste irdische Wüste. Früher muss es aber Wasser auf dem Mars gegeben haben, denn man sieht dort Gebiete, in denen einst wohl Flüsse, Seen und Meere existierten.

SCHON GEWUSST?

So kam Mars zu seinem Namen

Dieser Planet wurde wegen seiner roten Farbe nach dem römischen Kriegsgott Mars genannt. Mars besitzt zwei kartoffelförmige Monde mit merkwürdigen Namen: Phobos und Deimos heißen auf Deutsch Angst und Schrecken.

Jupiter – der größte Planet

Jupiter entdecken

Jupiter ist nach der Venus der hellste Planet am Himmel. Du erkennst ihn als hellen, weißen, ruhig leuchtenden Lichtpunkt. Jedes Jahr kannst du ihn einige Monate lang beobachten. Weil er in zwölf Jahren einmal um die Sonne kreist, wandert er im Lauf eines Jahres nur ungefähr ein Sternbild weiter. Steht dieses Sternbild am nächtlichen Himmel, so kannst du Jupiter sehen.

SCOUT TIPP!

In diesen Sternbildern steht Jupiter in den nächsten Jahren

2008 Schütze	2009 Steinbock	2010 Wassermann
2011 Fische/Widder	2012 Stier	2013 Zwillinge
2014 Krebs	2015 Löwe	2016 Jungfrau

Steckbrief Jupiter

Durchmesser: 143.000 km, elfmal größer als die Erde
Temperatur: -150 °C
Dauer eines Tages: knapp 10 Erdstunden
Dauer eines Jahres: 12 Erdjahre
Entfernung von der Sonne: 778 Millionen km
Anzahl der Monde: mindestens 63, davon vier mit dem Fernglas sichtbar
Interessant: Riesenplanet aus flüssigen Gasen ohne feste Oberfläche

Typisch Jupiter!

Jupiter besteht wie die Sonne aus Wasserstoff und Helium. Er ist aber zu klein, um selbst zu leuchten – wäre Jupiter aber so groß wie die Sonne, wäre er ein selbst leuchtender Stern. In seinem Innern ist es sehr heiß: Dort herrschen Temperaturen von 20.000 °C, das ist fast zehnmal mehr als im Innern unserer Erde. Dieser riesige Planet braucht nur knapp zehn Stunden, um sich einmal um sich selbst zu drehen. Jupiter besitzt keine feste Oberfläche – ein Raumschiff könnte also niemals auf dem Jupiter landen. In seiner dicken Gasatmosphäre wehen heftige Winde mit 530 Stundenkilometern – das ist schneller als im heftigsten irdischen Wirbelsturm.

Der Große Rote Fleck

Schon Galileo sah auf der Jupiteroberfläche einen großen roten Fleck. Durch Erkundungen von Raumsonden wissen wir, dass es sich bei diesem Fleck um einen gewaltigen Wirbelsturm handelt. Er tobt nun schon seit mindestens 400 Jahren ununterbrochen in der Jupiteratmosphäre. Der Sturm ist dreimal so groß wie die Erde und in manchen Jahren so auffällig, dass du ihn sogar mit deinem Fernglas siehst.

SCHON GEWUSST?

Der Planet mit Knoblauchduft

Auf dem Jupiter riecht es nach Knoblauch – das haben Raumsonden festgestellt. In der Atmosphäre gibt es nämlich das Gas Phosphin – und das riecht nach Knoblauch.

Jupitermonde sehen

Als vor rund 400 Jahren der bekannte Wissenschaftler Galileo Galilei mit seinem neu erworbenen Fernrohr den Jupiter ins Visier nahm, entdeckte er vier große Monde, die Jupiter umkreisen. Er nannte sie Ganymed, Kallisto, Io und Europa. Heute heißen die vier auch die Galileischen Monde. Ganymed ist der größte Mond in unserem Sonnensystem – er ist größer als der Planet Merkur! Versuche, die Jupitermonde mit einem Fernglas zu entdecken! Sie sehen wie kleine Pünktchen in einer Perlenschnur aus, die um den Jupiter kreisen oder sich als dunkle Pünktchen von der hellen Oberfläche des Riesenplaneten abheben. Jeden Tag stehen sie an einer anderen Stelle, denn sie flitzen in nur wenigen Tagen einmal um den Jupiter. Größer und deutlicher siehst du sie bei einem Blick durch ein Teleskop in einer Sternwarte. Dann erkennst du auch die hellen und dunklen Wolkenbänder auf der Oberfläche.

Europa | Ganymed | Kallisto | Io

SCHON GEWUSST?

So kam Jupiter zu seinem Namen

Der Riesenplanet Jupiter, in den 100 Erden hineinpassen würden, wurde nach dem römischen Göttervater Jupiter benannt. Bei den Griechen der Antike hieß der Göttervater Zeus – bei den Sternbildern hast du schon einige Geschichten von ihm erfahren.

Saturn – der Ringträger

Steckbrief Saturn

Durchmesser: 120.500 km, neunmal so groß wie die Erde
Temperatur: -180 °C
Dauer eines Tages: 10,5 Erdtage
Dauer eines Jahres: 29,5 Erdjahre
Entfernung von der Sonne: 1430 Millionen km
Anzahl der Monde: mindestens 56
Interessant: der zweitgrößte Planet; seine Ringe sind schon mit dem Fernglas von der Erde aus sichtbar

Saturn entdecken

Am Himmel sieht Saturn wie ein heller Stern aus. Von den Sternen kannst du ihn aber unterscheiden, weil sein gelblich weißes Licht ganz ruhig am Himmel strahlt und er nicht funkelt. Wenn du die Sternbilder gut kennst oder weißt, in welchem Sternbild sich Saturn gerade befindet, kannst du ihn leicht als Störenfried ausmachen. Saturn kannst du in jedem Jahr einige Monate lang beobachten. Saturn braucht fast 30 Jahre, um einmal um die Sonne zu wandern. Deshalb befindet er sich mehrere Jahre im selben Sternbild.

SCOUT-TIPP!

In diesen Sternbildern steht Saturn in den nächsten Jahren

2008/2009 Löwe
2010/2011/2012 Jungfrau
2013/2014 Waage
2015 Skorpion
2016/2017 Schlangenträger

Die Ringe des Saturn sehen

Saturn ist der entfernteste Planet, den du mit bloßem Auge sehen kannst. Sein Licht braucht 80 Minuten, bis es die Erde erreicht. Du musst ihn unbedingt mit dem Fernglas, oder noch besser mit dem Teleskop in einer Sternwarte betrachten: Er ist der schönste Planet am Himmel! Mit bloßem Auge sind die Ringe nicht zu sehen. Als Galileo Galilei vor vielen hundert Jahren den Saturn beobachtete, fiel ihm die merkwürdige Gestalt dieses Planeten auf. In den Ringen sah er zwei Monde, die rechts und links vom Saturn standen. Du kannst die Ringe auch mit dem Fernglas sehen – in manchen Jahren siehst du sie deutlich und weit geöffnet, in anderen schaust du genau auf die dünne Kante der Ringe und siehst sie gar nicht.

Typisch Saturn!

Saturn besteht wie Jupiter aus Gasen. Er besitzt keine feste Oberfläche. Weil er so schnell um seine Achse rotiert, verlaufen wie bei Jupiter breite Wolkenbänder rund um den Äquator. Saturn besitzt eine so geringe Dichte, dass dieser Planet wie ein Eiswürfel in Wasser schwimmen würde. Auf seiner Oberfläche toben die heftigsten Stürme mit Windgeschwindigkeiten von über 1800 Stundenkilometer! Saturn besitzt deutlich sichtbare Ringe. Sie bestehen aus vielen Gesteins- und Eisbrocken, die körnchen- bis metergroß sind. Die Ringe sind nur wenige 100 m dick, reichen aber fast 400.000 km weit ins All – hätte die Erde solch große Ringe, würden sie weiter reichen als der Mond.

SCHON GEWUSST?

So kam Saturn zu seinem Namen

Saturn wurde nach dem römischen Gott für Ackerbau benannt.

Uranus, Neptun und Pluto

Die äußersten Planeten Uranus, Neptun und Pluto kannst du nicht mit bloßem Auge, sondern nur mit einem Fernglas oder Teleskop sehen. Deshalb wurden sie auch erst nach der Erfindung des Fernrohrs entdeckt. Seit dem Jahr 2006 gehört Pluto nicht mehr zu den Planeten, sondern zu den Kleinplaneten.

Uranus – der rollende Planet

Uranus ist ein eisiger Planet, denn er bekommt in einem Jahr nur so viel Wärme von der Sonne wie die Erde an einem einzigen Tag. Auch Uranus besteht aus Gasen wie Jupiter und Saturn, aber seine Atmosphäre ist weniger stürmisch als die der beiden anderen Gasriesen. Die Sonne ist viel zu weit weg, um heftige Stürme anzutreiben. William Herschel entdeckte 1781 diesen Planeten.

Steckbrief Uranus

Durchmesser: 51.100 km, viermal größer als die Erde
Temperatur: -215 °C
Dauer eines Tages: 17 Erdstunden
Dauer eines Jahres: 84 Erdjahre
Entfernung von der Sonne: 2900 Millionen km
Anzahl der Monde: mindestens 27
Interessant: besitzt Ringe wie Saturn; rollt auf seiner Umlaufbahn

Steckbrief Neptun

Durchmesser: 49.500 km, fast neunmal größer als die Erde
Temperatur: -214 °C
Dauer eines Tages: 16 Erdstunden
Dauer eines Jahres: 165 Erdjahre
Entfernung von der Sonne: 4500 Millionen km
Anzahl der Monde: mindestens 13
Interessant: besitzt ebenfalls einen dünnen Ring wie Saturn; sieht im Teleskop tiefblau aus

Steckbrief Kleinplanet Pluto

Durchmesser: 2300 km, kleiner als unser Erdmond
Temperatur: - 220 °C
Dauer eines Tages: 6 Erdtage
Dauer eines Jahres: 248 Erdjahre
Entfernung von der Sonne: 5900 Millionen km
Anzahl der Monde: 3
Interessant: besitzt bezogen auf seine eigene Größe den größten Mond: Charon ist halb so groß wie Pluto; das Sonnenlicht braucht 7 Stunden, um Pluto zu erreichen

SCOUT-TIPP!

Uranus beobachten

Im Teleskop sieht die Oberfläche von Uranus einheitlich graublau aus. Bis zum Jahr 2010 befindet sich Uranus im Sternbild Wassermann, ab 2011 dann im Sternbild Fische. Er steht somit im Herbst am Nachthimmel. Bei absoluter Dunkelheit und ohne jegliche störende Lichtquelle kannst du ihn sogar im Fernglas sehen, wenn du seine genaue Position kennst. Freilich ist er nur ein winzig kleiner, grünlicher Lichtpunkt.

Neptun – der achte Planet

Nach der Entdeckung von Uranus stellten die Astronomen fest, dass seine Bahn um die Sonne Störungen aufwies. Sie vermuteten, dass es noch einen weiteren Planeten geben musste. Dessen Bahn berechneten die Forscher – und so fand 1846 Johann Gottfried Galle den Planeten Neptun. Ein Jahr dauert auf Neptun 165 Erdenjahre – seit seiner Entdeckung ist somit noch kein ganzes Neptunjahr vergangen.

SCHON GEWUSST?

Raumsonde unterwegs

Als die Raumsonde Voyager 2 die äußeren Planeten besuchte, brauchte sie für ihre Reise bis zum Planeten Uranus 8,5 Jahre. Für die Weiterreise zum Neptun benötigte sie weitere 3,5 Jahre.

SCOUT-TIPP!

Neptun beobachten

Auch Neptun kannst du in völlig dunklen, klaren Nächten im Fernglas erkennen. Bis zum Jahr 2011 bleibt er im Sternbild Steinbock. Daher kannst du ihn im Sommer am Abendhimmel finden. Wenn du dann eine Sternwarte besuchst, siehst du den dunkelblauen Planeten im Teleskop. Seine Farbe rührt daher, dass seine Atmosphäre neben anderen Gasen viel Methan enthält.

Pluto – der Zwergplanet

Als Pluto 1930 entdeckt wurde, galt er als neunter Planet in unserem Sonnensystem. Nachdem Forscher aber in den letzten Jahren immer mehr Kleinplaneten außerhalb der Neptunbahn entdeckt hatten, war Pluto kein Planet mehr. Heute sind neben Pluto noch mindestens 800 weitere Kleinkörper bekannt, darunter auch der Zwergplanet Eris. Dieser ist größer als Pluto, aber viel weiter von der Sonne entfernt. Würdest du auf Pluto stehen, sähe die Sonne wie ein heller Stern aus. Auf Pluto herrscht ständig eisig kalte Nacht. Dort ist es so kalt, dass seine felsige Oberfläche von gefrorenen Gasen bedeckt ist.

Pluto beobachten

Pluto mit seinem Riesenmond Charon sowie Eris kannst du nur im Teleskop sehen. Pluto befindet sich derzeit im Sternbild Schlangenträger. Er wandert in den nächsten Jahren in das Sternbild Schütze. Wenn du ihn sehen willst, musst du im Sommer eine Sternwarte besuchen.

SCHON GEWUSST?

So kamen die äußeren Planeten zu ihren Namen

Uranus wurde nach dem Himmelsgott und ersten Urvater der griechischen Götter Uranos benannt. Eigentlich wollte ihn sein Entdecker Wilhelm Herschel zu Ehren seines Königs Georg III „Georgium Siderus“ (auf Deutsch: Stern des Georgs) nennen. Neptun verdankt seinen Namen dem mächtigen Bruder Jupiters, der bei den Griechen Poseidon hieß. Auch Pluto stammt aus der Götterwelt: Er war der älteste Bruder von Zeus, dem Göttervater.

Der Kuiper-Gürtel

Jenseits der Neptunbahn umkreisen unzählige Asteroiden die Sonne. Bislang sind über 800 Objekte bekannt. Der größte unter ihnen ist der Zwergplanet Eris, der etwas größer als Pluto ist.

Noch mehr am Nachthimmel beobachten

Sonne und Mond, die Sterne und die Planeten wandern auf verlässlichen Bahnen über den Himmel. Daneben gibt es aber auch Leuchterscheinungen, die nur kurze Zeit lang und teilweise völlig unerwartet auftreten. Dazu gehören zum Beispiel Kometen, Sternschnuppen oder Satelliten. Sie zu entdecken ist besonders spannend.

Komet Hale-Bopp, der 1997 die Erde passierte

Die besten Nächte für Sternschnuppenjäger

1. – 6. Januar, Quadrantiden: bis zu 100 Sternschnuppen pro Stunde, in manchen Jahren auch 200 pro Stunde
1. – 8. Mai, Mai-Aquariden: bis zu 60 Sternschnuppen pro Stunde
10. – 14. August, Perseiden: bis zu 110 Sternschnuppen pro Stunde, die beste Nacht für Sternschnuppenjäger
14. – 28. Oktober, Orioniden: bis zu 40 Sternschnuppen pro Stunde
15. – 19. November, Leoniden: bis zu 50 Sternschnuppen pro Stunde, alle 33 Jahre sogar über 1000 Sternschnuppen pro Stunde (das nächste Mal um das Jahr 2039 herum)
7. – 15. Dezember, Geminiden: rund 60 Sternschnuppen pro Stunde

Sternschnuppen und Meteorite

In jeder Nacht kannst du Sternschnuppen beobachten, normalerweise sind es etwa zehn in der Stunde. Wenn die Erde auf ihrer Bahn um die Sonne aber einen Meteoritenschwarm kreuzt, sind besonders viele Sternschnuppen sichtbar.

Wünsch dir was, wenn du eine Sternschnuppe siehst

Jedes Jahr zur selben Zeit durchquert die Erde Schwärme von Meteoritensplittern, die meist Kometen (siehe Seite 84) hinterlassen haben. Die Splitter sind so klein wie feiner Staub, Sand- oder Reiskörner. Sie verglühen in der irdischen Atmosphäre in etwa 70–100 km Höhe und sind dann als helle Lichtspuren am Himmel sichtbar – wir nennen sie Sternschnuppen. Von der Erde aus gesehen, scheinen sie jeweils von einem bestimmten Sternbild zu kommen – nach diesem Sternbild sind die Schwärme benannt. Die bekanntesten Sternschnuppenströme sind die Perseiden im August, die scheinbar vom Sternbild Perseus ausgehen, und die Leoniden im November, die aus dem Sternbild Löwen zu kommen scheinen. In Wirklichkeit kommen die Sternschnuppen nicht von diesem Sternbild. Das ist eine optische Täuschung, ähnlich wie die Schneeflocken auch von einem Punkt auszugehen scheinen, wenn du mit dem Auto durch starken Schneefall fährst.

SCHON GEWUSST?

Spektakuläre Feuerbälle

Auf der Erdbahn befinden sich auch größere Brocken aus Gesteinen oder Metallen. Brechen sie in der Erdatmosphäre auseinander, können sie spektakuläre Feuerbälle erzeugen. Jeden Tag fallen etwa zehn solcher Meteorite auf die Erde, die meisten landen jedoch in den Meeren.

Einschlagkrater von Meteoriten

Sind die Meteoriten noch größer, hinterlassen sie Einschlagkrater auf der Erde, so wie du sie auf der Mondoberfläche beobachten kannst. Bis heute wurden rund 170 Meteoritenkrater auf der Erde entdeckt. Der jüngste ist der 1,5 km breite und 170 m tiefe Barringer-Krater in Arizona (USA), der auch „Meteor Crater“ genannt wird. Er ist ungefähr 50.000 Jahre alt.

SCOUT TIPP!

Einen Meteoritenkrater erkunden

Auch in Deutschland gibt es zwei Meteoritenkrater, die knapp 15 Millionen Jahre alt sind. Damals fiel ein rund 1 km großer Meteorit auf Deutschland, der in der Atmosphäre in zwei Teile zerbrach. Der größere Teil schlug im Nördlinger Ries wie ein riesiger Feuerball ein und erzeugte einen 24 km breiten und 100 m tiefen Krater. Damals gab es im Umkreis von 100 km kein Leben mehr. Das Nördlinger Ries mit der Stadt Nördlingen liegt zwischen den Städten Nürnberg – Stuttgart – München. Das andere, viel kleinere Bruchstück dieses Meteoriten landete im Steinheimer Becken, einem 3,8 km breiten und ebenfalls 100 m tiefen Krater. Fahre unbedingt einmal ins Nördlinger Ries. Vom 90 m hohen Turm der St.-Georgs-Kirche in Nördlingen hast du einen guten Blick auf den ringförmigen Kraterrand. In Nördlingen gibt es auch ein hervorragendes Nördlinger Ries-Museum, in dem du viel über den damaligen Meteoriteneinschlag erfahren kannst.

SCHON GEWUSST?

Das Ende der Dinosaurier

Manchmal fallen auch riesige Meteoriten auf die Erde, mit furchtbaren Folgen für die Lebewesen. Vor 65 Millionen Jahren schlug ein etwa 10 km großer Meteorit vor der mexikanischen Küste ein. Er bewirkte, zusammen mit heftigen Vulkanausbrüchen und anderen Ereignissen, einen plötzlichen Klimawandel: Monatelang konnte das Sonnenlicht nicht die Erde erreichen: Es wurde kalt, dunkel und lebensfeindlich auf der Erde. Zuerst starben die Pflanzen, dann die Pflanzenfresser und schließlich die Fleischfresser. Damals starben rund ein Drittel aller Tier- und Pflanzenarten auf der Erde aus, darunter auch alle Dinosaurier.

Schattenspiele von Sonne, Mond und Erde

Mehrmals im Jahr bilden Sonne, Mond und die Erde auf ihren Bahnen eine Linie. Wenn die Erde genau zwischen Mond und Sonne steht, kann es eine Mondfinsternis geben. Bei einer Sonnenfinsternis hingegen befindet sich der Mond zwischen Erde und Sonne. In jedem Jahr gibt es ein bis zwei Mondfinsternisse und zwei bis drei Sonnenfinsternisse.

Die Mondfinsternis

Eine Mondfinsternis kann nur bei Vollmond stattfinden. Dann befindet sich die Erde zwischen Sonne und Mond. Wenn der Mond auf seiner Bahn um die Erde durch den Erdschatten wandert, so wird er nicht mehr von der Sonne angestrahlt. Tritt der ganze Mond in den Erdschatten ein, so liegt seine ganze Oberfläche im Dunkeln. Wir nennen das eine totale Mondfinsternis. Oft wandert aber nur ein Teil des Mondes durch den Erdschatten, während der andere Teil noch im hellen Sonnenlicht liegt. Das ist dann eine partielle (teilweise) Mondfinsternis. Weil eine Mondfinsternis überall auf der Erde gesehen wird, wo gerade Nacht ist, kannst du sicherlich in den nächsten Jahren eine solche in deinem Ort beobachten. Schau dir das Ereignis mit dem Fernglas an. Die Termine erfährst du in astronomischen Jahrbüchern, im Internet und in Zeitungen.

Mondfinsternis

Totale Mondfinsternis

SCOUT TIPP!

Die nächsten Mondfinsternisse

In diesen Nächten kannst du bei uns eine Mondfinsternis beobachten:

21. Februar 2008, 16. August 2008, 31. Dezember 2009, 26. Juni 2010 und 21. Dezember 2010. Eine Mondfinsternis dauert ungefähr ein bis zwei Stunden. Solange braucht der Mond, bis er durch den großen Erdschatten gewandert ist.

SCHON GEWUSST?

Bei einer Mondfinsternis ist der Mond nicht völlig unsichtbar, sondern leuchtet schwach rötlich. Das kommt daher, weil noch ein paar wenige Sonnenstrahlen durch die Erdatmosphäre auf den Mond gelenkt werden. So erhält der im Schatten liegende Mond doch ein wenig Licht.

Die Sonnenfinsternis

Auf seinem Weg um die Erde stellt sich der Mond manchmal genau zwischen die Erde und die Sonne. Weil der Mond und die Sonne von der Erde aus betrachtet gleich groß sind, kann dann der Mond die Sonne sogar ganz verdecken. Das ist eine totale Sonnenfinsternis. Befindet sich dabei aber der Mond auf dem erdfernsten Punkt seiner Umlaufbahn, dann ist er ein wenig kleiner als die Sonne. Er bedeckt dann nicht die ganze Sonnenkugel, sondern rundherum ist die Sonne als leuchtender Ring zu sehen. Das ist eine ringförmige Sonnenfinsternis. Bei einer partiellen (teilweisen) Sonnenfinsternis bedeckt der Mond nur einen Teil der Sonne.

SCHON GEWUSST?

Eine Sonnenfinsternis findet nur bei Tag statt. Anders als eine Mondfinsternis kann eine Sonnenfinsternis aber nicht auf der ganzen Tagseite der Erde beobachtet werden. Der Mondschatten fällt nämlich nur auf ein maximal 265 Kilometer breites Gebiet. Nur dort ist eine Sonnenfinsternis sichtbar. Und weil der Mondschatten mit einer Geschwindigkeit von 2400 Stundenkilometer über die Erde saust, ist das Ereignis für die beobachtenden Menschen nach sechs bis acht Minuten vorbei.

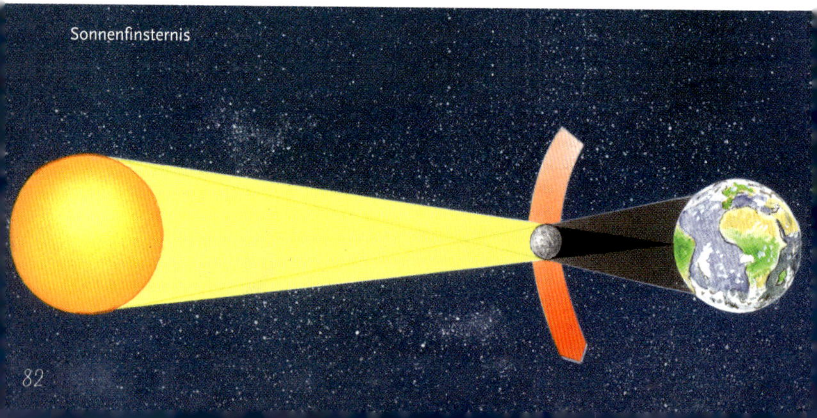

Totale Sonnenfinsternis

Eine totale Sonnenfinsternis

Früher konnten die Menschen nicht vorhersagen, wann eine Sonnenfinsternis stattfinden wird. Für sie verdunkelte sich plötzlich die Sonne. Das ganze Land lag auf einen Schlag im Dunkeln, es wurde merklich kühler und sogar die Sterne begannen zu funkeln. Nach ein paar Minuten war die Sonnenfinsternis vorbei und der Tag kehrte auf die Erde zurück. Doch die Menschen waren zutiefst erschrocken. Sie fürchteten sich und glaubten, der Weltuntergang sei da. Auch heute noch ist eine totale Sonnenfinsternis ein beeindruckendes Erlebnis, obwohl wir genau wissen, wo und wann die nächsten stattfinden. Übrigens fand am 11. August 1999 bei uns eine totale Sonnenfinsternis statt. Frag doch einmal deine Eltern oder Großeltern, wie sie diese erlebt haben.

SCOUT TIPP!

Die nächsten Sonnenfinsternisse

Die nächste Sonnenfinsternis findet bei uns erst wieder am 3. September 2081 statt! Wenn du eine Sonnenfinsternis (SoFi) beobachten möchtest, musst du in eines dieser Gebiete reisen:

7. Februar 2008: ringförmige SoFi, sichtbar in der Antarktis und im südlichen Pazifikraum
1. August 2008: totale SoFi in Kanada, China, Russland
26. Januar 2009: ringförmige SoFi im Raum des Indischen Ozeans und Indonesien
22. Juli 2009: totale SoFi in Indien, China
15. Januar 2010: ringförmige SoFi in Zentralafrika, China
11. Juli 2010: totale SoFi, südlicher Pazifikraum

Kometen

Wenn ein heller Komet wochen- oder gar monatelang am Nachthimmel steht, ist das ein beeindruckendes Erlebnis. Der Komet sieht wie ein hell leuchtender Lichtpunkt aus, der einen langen, hellen Schweif hinter sich herzieht. Doch helle Kometen sind leider selten. Die allermeisten Kometen sind so klein und lichtschwach, dass du sie nicht sehen kannst. Wären alle Kometen hell, könntest du jede Nacht mehrere beobachten.

Was ist ein Komet?

Kometen bestehen aus Staub und Gesteinsbrocken, die von Eis und gefrorenen Gasen zusammengehalten werden. Deshalb heißen sie auch „schmutzige Schneebälle". Kommt ein Komet in Sonnennähe, heizt er sich auf und fängt langsam an zu verdampfen. Dabei bildet sich der typische Schweif aus Gasen und Staub, der mehrere Millionen Kilometer lang werden kann. Manche Kometen sind so hell, dass du sie wochen- oder monatelang mit bloßem Auge sehen kannst. Die meisten Kometen der wohl Milliarden Kometen sind aber zu lichtschwach, um mit bloßem Auge gesehen zu werden.

Hale-Bopp

SCOUT-TIPP!

Kometen sind für Überraschungen gut

Manche Kometen wandern auf recht kleinen Bahnen und kehren in weniger als 200 Jahren in die Nähe der Sonne zurück. Unter diesen Kometen ist der Halleysche Komet der hellste. Er stand das letzte Mal 1986 am Himmel und wird wieder im Jahr 2062 zurückkehren. Dann kannst du ihn beobachten. Die meisten Kometen aber brauchen für eine Umkreisung um die Sonne viele tausend oder noch mehr Jahre. Diese Kometen tauchen plötzlich auf, so wie zum Beispiel der Komet Hale-Bopp im Frühjahr 1997. Als Astronomen ihn entdeckten, glaubte niemand, dass er so hell werden würde. Doch er wurde immer heller, je mehr er sich der Sonne näherte. Von der Erde aus gab er ein tolles Himmelschauspiel: Mehrere Wochen lang stand er deutlich sichtbar am Himmel.

Halte bei deinen nächtlichen Entdeckungen am Sternenhimmel immer wieder einmal Ausschau nach einem Kometen. Vielleicht entdeckst du ja einen dieser Überraschungsgäste.

SCHON GEWUSST?

Kometen gehören zu den ältesten Objekten im Sonnensystem. Jeder Komet umkreist die Sonne auf einer festen, stark elliptischen Bahn. Auf ihrem Weg rund um die Sonne kreuzen sie auch die Planetenbahnen. Von der Erde aus wurden bislang rund 1000 Kometen beobachtet.

Haufenweise Sterne

In einigen Sternbildern gibt es Stellen, an denen unzählige Sterne dicht gedrängt beieinander stehen. Das sind die Sternhaufen. Die Sterne darin sind gemeinsam entstanden.

SCOUT TIPP!

Sternhaufen entdecken

Bei uns kannst du im Jahreslauf sechs Sternhaufen leicht mit bloßem Auge erkennen: Im Frühling ist der Coma-Haufen im Sternbild Haar der Berenike zu sehen, den du rechts vom hellen Stern Arktur (im Sternbild Rinderhirte) findest. Im Herbst ist der Doppelsternhaufen im Sternbild Perseus sichtbar. Die meisten Sternhaufen beobachtest du im Winter: Dies sind der Sternhaufen Praesepe im Sternbild Krebs und die beiden Sternhaufen Plejaden und Hyaden im Sternbild Stier.

SCHON GEWUSST?

Der schönste Sternhaufen

Die Plejaden sind der schönste Sternhaufen am Himmel. Weil er aus sieben hellen Sternen besteht wird er auch Siebengestirn genannt. Sie sehen wie ein Mini-Wagen aus. Durch das Fernglas betrachtet kannst du diese Form gut erkennen.

Ferne Galaxien

Alle Sterne, Kometen, Planeten und andere Himmelskörper, die du bisher gesehen hast, gehören zu unserem Sonnensystem und damit zur Galaxie der Milchstraße. Doch neben unserer Heimatgalaxie gibt es noch unzählige weitere Galaxien. Die meisten sind so weit von uns entfernt, dass du sie nur im Teleskop betrachten kannst. Doch eine Galaxie ist bei uns am herbstlichen Abend sogar mit bloßem Auge sichtbar: die Andromeda-Galaxie.

Die Andromeda-Galaxie

Die Andromeda-Galaxie sieht genauso aus wie unsere eigene Heimatgalaxie, die Milchstraße, ist aber doppelt so groß. Sie ist rund 2,7 Millionen Lichtjahre von uns entfernt und gehört zum gleichnamigen Sternbild Andromeda (siehe Seite 35). Wie die Milchstraße besteht auch die Andromeda-Galaxie aus vielen Milliarden Sternen, Gas und Staub. Wenn du wissen willst, wie die Milchstraße ausschaut, besuche eine Sternwarte in den Monaten September bis Februar. Dann steht das Sternbild Andromeda mit der Galaxie hoch am Himmel. Im Teleskop kannst du deutlich das helle Zentrum erkennen, um das sich Spiralarme winden.

SCOUT TIPP!

Lichtschwache Objekte besser sehen

Ein Himmelsobjekt, das du gerade noch mit deinen bloßen Augen erkennen kannst, nimmst du deutlicher wahr, wenn du leicht an ihm vorbeischaust. Versuche es einmal!

Satelliten und die ISS

Die meisten über den Nachthimmel ziehenden Lichtpunkte sind Flugzeuge. Wenn sie tief fliegen, erkennst du mehrere blinkende Lichter. Von Flugzeugen in großer Höhe hingegen siehst du nur einen kleinen Lichtpunkt, der aber ebenfalls blinkt. Er wird immer schwächer, bis er ganz verschwindet.

Satelliten beobachten

Viele tausend künstliche Satelliten kreisen um die Erde. Viele sind Telefon- oder Fernsehsatelliten, andere beobachten das Wetter oder die Erdoberfläche. Satelliten kannst du ganz einfach beobachten: Schau eine Weile in den Abendhimmel in den ersten beiden Stunden nach Sonnenuntergang oder in den Morgenhimmel etwa ein bis zwei Stunden vor Sonnenaufgang. Achte auf einen hellen Lichtpunkt, der mit gleicher Geschwindigkeit geradeaus am Himmel entlangzieht: Wenn das Licht nicht blinkt, hast du einen Satelliten gefunden.

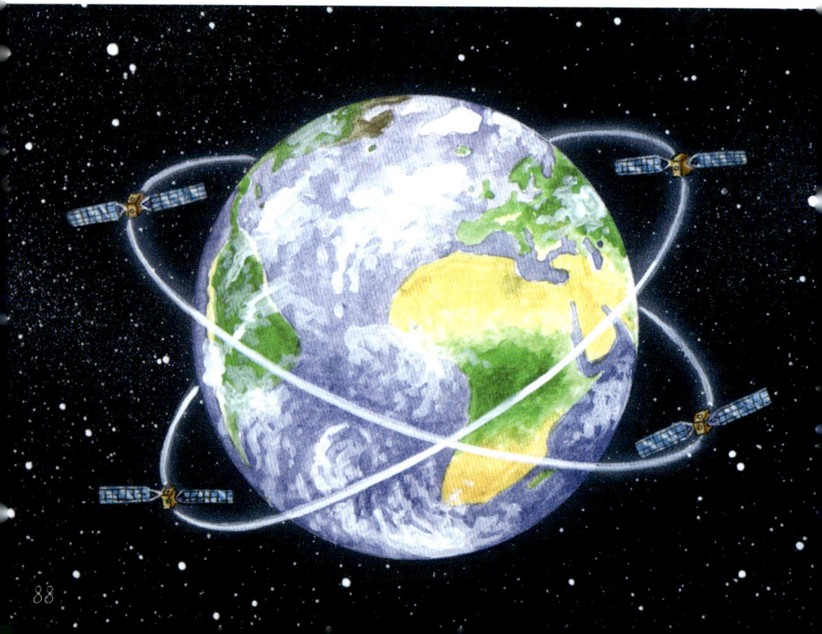

SCOUT-TIPP!

Die Internationale Raumstation ISS sehen

Das größte künstliche Himmelsobjekt, das die Erde umkreist, ist die Internationale Raumstation ISS. Manchmal kann sie so hell wie die hellsten Planeten Jupiter oder Venus werden. Bis zu fünf Minuten lang kannst du sie beobachten, wenn sie über den Abend- oder Morgenhimmel zieht. Wie die Satelliten ist auch die ISS nur wenige Stunden nach Sonnenuntergang oder vor Sonnenaufgang sichtbar. Auf der Internetseite **www.heavens-above.com** erfährst du, wann die ISS das nächste Mal bei dir vorbeizieht. Viel Glück – vielleicht beobachtest du sie ja!

SCHON GEWUSST?

Warum kannst du Satelliten sehen?

Satelliten leuchten nicht von selbst. Sie besitzen auch keine Lichter so wie Flugzeuge, sondern reflektieren wie der Mond und die Planeten das Licht der Sonne. Um sie sehen zu können, müssen sie von der Sonne angestrahlt werden. Tagsüber überstrahlt das Licht der Sonne die Satelliten. Wenn die Sonne aber schon untergegangen und der Himmel dunkel ist, erreicht die viele Kilometer hoch fliegenden Satelliten noch das Sonnenlicht. Meist verschwindet ein Satellit plötzlich: Dann ist er auf seiner Umlaufbahn um die Erde soweit geflogen, dass er in den Erdschatten eintaucht. Er wird nicht mehr von der Sonne beleuchtet – und du kannst ihn nicht mehr sehen. Während du Flugzeuge die ganze Nacht über beobachten kannst, sind Satelliten nur wenige Stunden nach Sonnenunter- oder vor -aufgang sichtbar.

Ein Besuch im Planetarium und in der Sternwarte

In vielen Städten gibt es eine öffentliche Volkssternwarte, in manchen sogar ein Planetarium. Während du in einer Sternwarte durch ein Teleskop stark vergrößert die Sterne, Planeten und Kometen beobachten kannst, die gerade am Nachthimmel stehen, ist ein Planetarium eine Art Kino.

Im Planetarium

Das Planetarium ist ein kreisrunder Saal mit einer kuppelförmigen Gewölbedecke. Dort gibt es keine Leinwand wie im Kino. Die Stühle stehen im Kreis und können nach hinten gekippt werden. So hast du einen bequemen Blick auf die kuppelförmige Decke. In der Mitte des Planetariumsaals steht ein merkwürdiges Gerät mit vielen Linsen. Das ist der Vorführapparat, der mithilfe eines Computers gesteuert wird. Er projiziert den Sternenhimmel auf das Gewölbe, so dass du meinst, du würdest in einer sternenklaren Nacht draußen stehen. Im Planetarium kannst du aber nicht nur den Sternenhimmel sehen, sondern auch wie er sich im Jahreslauf verändert oder wie die einzelnen Planeten durch den Tierkreis wandern.

SCOUT TIPP!

Besuch im Planetarium

Im Planetarium können auch Expeditionen mit Raumschiffen ins Weltall oder die Entstehung der Sonne und unseres Sonnensystems nachgestellt werden. Du kannst dort eine Landung auf dem Mars erleben oder sehen, wie der Stern von Betlehem vor über 2000 Jahren aussah. In einem Planetarium werden immer wieder andere Vorstellungen gezeigt. Es gibt dort auch spezielle Kinderprogramme, in denen dir auf einfache Weise der Sternenhimmel und die Planeten erklärt werden. Informiere dich doch einmal in dem Planetarium in deiner Nähe, welche Show dort gerade zu sehen ist.

Die Sternwarte

Während du im Planetarium den Sternenhimmel wie im Kino siehst, bist du in einer Sternwarte live dabei: Durch große Teleskope wirfst du einen Blick auf die Sterne. Deshalb sind Sternwarten – außer bei Sonnenbeobachtungen – nur nachts geöffnet, wenn es dunkel ist. Du erkennst eine Sternwarte an dem kuppelförmigen Dach, dass geöffnet werden kann. Dann haben die Instrumente freie Sicht auf den Sternenhimmel.

Viele Sternwarten liegen nicht mitten in der Stadt. Dort gibt es zuviel Licht und die Luft ist oft sehr turbulent – das alles bewirkt, dass man weniger Sterne sieht. Deshalb befinden sich die Sternwarten meist außerhalb der Städte und sind auf Hügeln oder Anhöhen gebaut.

In den Sternwarten arbeiten Wissenschaftler, die das Weltall nicht nur mit Teleskopen, sondern auch mit anderen optischen Geräten wie Refraktoren, Astrokameras und Spektroskope untersuchen. Sie werten auch die Daten von Raumsonden oder von Raumteleskopen aus, die wie Satelliten die Erde umkreisen.

Scout Tipp!

Eine Sternwarte besuchen

Erkundige dich, wo die nächste Sternwarte liegt. Viele Sternwarten bieten regelmäßige Termine zum Sternegucken an. Informiere dich darüber.

SCHON GEWUSST?

Die größte Sternwarte

In den südamerikanischen Anden wird auf einer Höhe von 5100 m derzeit die höchste und größte Sternwarte der Welt gebaut. Ab 2012 sollen dort mindestens 50 Antennen ins Weltall lauschen. Eine andere große Sternwarte befindet sich auf dem Mount Kea in Hawaii. Sie liegt auf 4200 m Höhe. Dort ist die Luft sehr dünn und trocken – optimale Bedingungen für die zahlreichen Spiegel- und Radioteleskope.

SCOUT TIPP!

Sterne gucken am PC

Es gibt mittlerweile auch einige gute Computerprogramme über die Sonne, Planeten, Sterne und das Weltall. So kannst du auch auf dem Computer Ausflüge ins Weltall unternehmen oder Planeten auf ihrer Bahn um die Sonne begleiten.

Abendhimmel: so wird der gesamte Himmel mit den Sternbildern genannt, die du am Abend siehst

Achse: eine gedachte Linie, um die sich ein Planet dreht

Äquator: eine gedachte Linie um die Erde, die unseren Planeten in die Süd- und Nordhalbkugel teilt; vom Äquator sind der Nord- und Südpol gleich weit entfernt

Asteroid: kleiner, höchstens 1000 km messender Himmelskörper aus Gesteinen, der zwischen den Planetenbahnen von Mars und Jupiter um die Sonne kreist; wird auch Planetoid genannt

Astronaut: amerikanischer Name für einen Raumfahrer

Astronom: Wissenschaftler, der das Weltall mit seinen Himmelskörpern erforscht

Astronomie: Wissenschaft von den Himmelskörpern (Sterne und Planeten) und dem Weltall

Atmosphäre: die Gashülle um einen Planeten; bei der Erde besteht sie aus Luft, die hauptsächlich Stickstoff und Sauerstoff enthält

Ekliptik: Bahn am Himmel, durch die scheinbar die Sonne und die Planeten im Jahreslauf wandern; zu dieser Bahn gehören die Tierkreis-Sternbilder, daher wird diese Bahn auch einfach nur Tierkreis genannt

Ellipse: abgeflachter Kreis; die Umlaufbahnen von Planeten und Monden weisen meist diese Form auf

Galaxie: System aus Sternen, Staub- und Gaswolken, die zusammengehören, wie zum Beispiel die Milchstraße; manche Galaxien enthalten viele Milliarden Sterne

Komet: wenige Kilometer großer Himmelskörper aus Gesteinen und Eis, der auf einer weiten Umlaufbahn um die Sonne kreist und in regelmäßigen Abständen in Sonnennähe kommt; dann bildet sich ein riesiger Gas- und Staubschweif

Kosmonaut: russischer Name für einen Raumfahrer

Krater: Vertiefung in der Oberfläche eines Mondes oder Planeten, der durch den Einschlag eines Meteoriten verursacht wurde; auch auf der Erde gibt es Meteoritenkrater wie zum Beispiel das Nördlinger Ries in Deutschland

Lichtjahr: Entfernung, die das Licht in einem Jahr zurücklegt; das sind rund 9,5 Billionen Kilometer. In einer Sekunde legt das Licht die Strecke von rund 300.000 Kilometer zurück (1 Lichtsekunde)

Lichtminute: Entfernung, die das Licht in einer Minute zurücklegt; das sind rund 18 Millionen Kilometer

Mare: dunkle Gebiete auf der Mondoberfläche; früher dachte man, dass dies Meere seien (mare = lateinisches Wort für Meer)

Mond: natürlicher Begleiter eines Planeten, wird auch Trabant genannt

Morgenhimmel: so wird der Himmel mit den Sternbildern genannt, die du am Morgen siehst

Nebel: so bezeichnen Astronomen Gas- und Staubwolken im Weltall, die oftmals leuchten

Nordhimmel: so wird der Himmelsabschnitt genannt, den du beim Blick nach Norden siehst

Planet: größerer Himmelskörper aus Gestein, Metallen und Gasen, der um einen Stern, wie zum Beispiel die Sonne, kreist. Planeten leuchten nicht selbst wie die Sterne. Sie erscheinen nur deshalb hell am Nachthimmel, weil sie das Sonnenlicht zurückstrahlen

Raumsonde: unbemanntes Raumschiff, das andere Planeten, Monde und das Weltall erforscht und nicht mehr zur Erde zurückkehrt

Satellit: Himmelskörper, der um einen Planeten kreist; Monde sind zum Beispiel natürliche Satelliten, während Raumschiffe, die Internationale Raumstation oder Fernsehsatelliten künstliche Satelliten sind

Sonnensystem: ein Stern, wie zum Beispiel die Sonne, mit allen Himmelskörpern, die um ihn kreisen; dazu gehören zum Beispiel Planeten, Kleinplaneten, Monde, Asteroiden, Kometen und Meteoriten

Stern: glühend leuchtende Gaskugel, die Licht und Wärme erzeugt; unsere Sonne ist der erdnächste Stern

Sternbild: Sterne, die von der Erde aus betrachtet nah beieinander stehen; die Menschen sahen früher oft in den nahe beieinander stehenden Sternen eine Figur aus der Sagenwelt und benannten sie danach; auf der Südhalbkugel heißen viele Sternbilder wie Geräte aus der Seefahrt, wie zum Beispiel Fernrohr, denn die früheren Seefahrer gaben ihnen diese Namen

Sternzeichen: anderes Wort für Tierkreiszeichen

Teleskop: andere Bezeichnung für ein Fernrohr, mit dem Sterne und andere Himmelsobjekte stark vergrößert beobachtet werden können

Tierkreis-Sternbild: 13 Sternbilder, durch die die Sonne, der Mond und die Planeten unseres Sonnensystems im Lauf eines Jahres scheinbar wandern. Dies sind Widder, Stier, Zwillinge, Krebs, Löwe, Jungfrau, Waage, Skorpion, Schlangenträger, Schütze, Steinbock, Wassermann und Fische

Tierkreiszeichen: in der Astrologie heißen die zwölf Tierkreiszeichen auch Sternzeichen. Dies sind Widder, Stier, Zwillinge, Krebs, Löwe, Jungfrau, Waage, Skorpion, Schütze, Steinbock, Wassermann und Fische. Manche Menschen glauben, dass ihr Leben und ihr Wesen davon beeinflusst ist, in welchem Sternzeichen sie geboren wurden

Umlaufbahn: Bahn eines Planeten oder Kometen um die Sonne oder eines Mondes um einen Planeten

Universum: anderer Name für das Weltall

Zirkumpolar: Sterne und Sternbilder, die bei uns das ganze Jahr am Nachthimmel stehen und nicht unter den Horizont sinken; sie drehen sich um den Polarstern

Ab nach draußen!

Mit den spannenden Nature Scout Büchern in den praktischen Outdoor-Schutzhüllen wirst du zum richtigen Naturforscher!

Anke Küpper und Dr. Jens Poschadel
Nature Scout: Mit der Becherlupe auf Entdeckertour
€ 7,95 (D), € 8,20 (A)
ISBN 978-3-89777-349-3

Bärbel Oftring
Nature Scout: Auf Entdeckungstour an Strand & Küste
€ 7,95 (D), € 8,20 (A)
ISBN 978-3-89777-423-0

Geländekompass
€ 5,95*
Artikel-Nr.: 9619

Sommer-Abenteuerlupe
€ 3,95*
Artikel-Nr.: 9650

Trinkflasche
€ 5,95*
Artikel-Nr.: 9621

*unverbindliche Preisempfehlung